HITE 6.0
培养体系

HITE 6.0全称厚溥信息技术工程师培养体系第6版，是武汉厚溥企业集团推出的“厚溥信息技术工程师培养体系”，其宗旨是培养适合企业需求的IT工程师，该体系被国家工业和信息化部人才交流中心鉴定为国家级计算机人才评定体系，凡通过HITE课程学习成绩合格的学生将获得国家工业和信息化部颁发的“全国计算机专业人才证书”，该体系教材由清华大学出版社全面出版。

HITE 6.0是厚溥最新的职业教育课程体系，该职业体系旨在培养移动互联网开发工程师、智能应用开发工程师、企业信息化应用工程师、网络营销技术工程师等。它的独特之处在于每年都要根据技术的发展进行课程的更新。在确定HITE课程体系之前，厚溥技术中心专业研究员在IT领域和一些非IT公司中进行了广泛的行业调查，以了解他们在目前和将来的工作中会用到的数据库系统、前端开发工具和软件包等应用程序，每个产品系列均以培养符合企业需求的软件工程师为目标而设计。在设计之前，研究员对IT行业的岗位序列做了充分的调研，包括研究从业人员技术方向、项目经验和职业素质等方面的需求，通过对面向学生的自身特点、行业需求与现状以及实施等方面的详细分析，结合厚溥对软件人才培养模式的认知，按照软件专业总体定位要求，进行软件专业产品课程体系设计。该体系集应用软件知识和多领域的实践项目于一体，着重培养学生的熟练度、规范性、集成和项目能力，从而达到预定的培养目标。整个体系基于ECDIO工程教育课程体系开发技术，可以全面提升学生的价值和学习体验。

一、移动互联网开发工程师

在移动终端市场竞争下，为赢得更多用户的青睐，许多移动互联网企业将目光瞄准在应用程序创新上。如何开发出用户喜欢，并能带来巨大利润的应用软件，成为企业思考的问题，然而这一切都需要移动互联网开发工程师来实现。移动互联网开发工程师成为求职市场的宠儿，不仅薪资待遇高，福利好，更有着广阔的发展前景，倍受企业重视。

移动互联网企业对Android和Java开发工程师需求如下：

已选条件:	Java(职位名)	Android(职位名)
共计职位:	共51014条职位	共18469条职位

1. 职业规划发展路线

Android				
★	★★	★★★	★★★★	★★★★★
初级Android开发工程师	Android开发工程师	高级Android开发工程师	Android开发经理	移动开发技术总监
Java				
★	★★	★★★	★★★★	★★★★★
初级Java开发工程师	Java开发工程师	高级Java开发工程师	Java开发经理	技术总监

2. 素质能力提升路径

1 大学生	2 大学生活	3 学习习惯	4 职业目标	5 沟通表达	6 自我管理
12 准职业人	11 职业路线	10 求职技能	9 就业意识	8 融入团队	7 形象礼仪

3. 专业技能提升路径

1 大学生	2 计算机基础	3 编程基础	4 软件工程	5 数据库	6 网站技术
12 准职业人	11 产品规划	10 项目技能	9 高级应用	8 APP开发	7 基础应用

4. 项目介绍

(1) 酒店点餐助手

(2) 音乐播放器

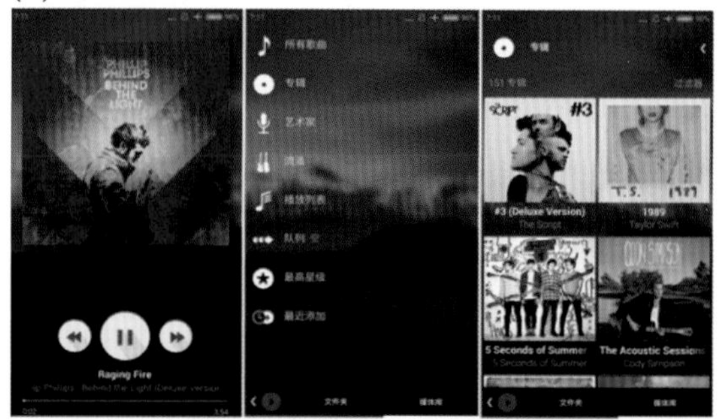

二、智能应用开发工程师

随着物联网技术的高速发展，我们生活的整个社会智能化程度将越来越高。在不久的将来，物联网技术必将引起我国社会信息的重大变革，与社会相关的各类应用将显著提升整个社会的信息化和智能化水平，进一步增强服务社会的能力，从而不断提升我国的综合竞争力。 智能应用开发工程师未来将成为热门岗位。

智能应用企业每天对.NET开发工程师需求约15957个需求岗位(数据来自51job)：

已选条件:	.NET(职位名)
共计职位:	共15957条职位

1. 职业规划发展路线

★	★★	★★★	★★★★	★★★★★
初级.NET 开发工程师	.NET 开发工程师	高级.NET 开发工程师	.NET 开发经理	技术总监
★	★★	★★★	★★★★	★★★★★
初级 开发工程师	智能应用 开发工程师	高级 开发工程师	开发经理	技术总监

2. 素质能力提升路径

1 大学生	2 大学生活	3 学习习惯	4 职业目标	5 沟通表达	6 自我管理
12 准职业人	11 职业路线	10 求职技能	9 就业意识	8 融入团队	7 形象礼仪

3. 专业技能提升路径

1 大学生	2 计算机基础	3 编程基础	4 软件工程	5 数据库	6 网站技术
12 准职业人	11 产品规划	10 项目技能	9 高级应用	8 智能开发	7 基础应用

4. 项目介绍

(1) 酒店管理系统

(2) 学生在线学习系统

三、企业信息化应用工程师

当前，世界各国信息化快速发展，信息技术的应用促进了全球资源的优化配置和发展模式创新，互联网对政治、经济、社会和文化的影响更加深刻，围绕信息获取、利用和控制的国际竞争日趋激烈。企业信息化是经济信息化的重要组成部分。

IT企业每天对企业信息化应用工程师需求约11248个需求岗位（数据来自51job）：

已选条件:	ERP实施(职位名)
共计职位:	共11248条职位

1. 职业规划发展路线

初级实施工程师	实施工程师	高级实施工程师	实施总监
信息化专员	信息化主管	信息化经理	信息化总监

2. 素质能力提升路径

1 大学生	2 大学生活	3 学习习惯	4 职业目标	5 沟通表达	6 自我管理
12 准职业人	11 职业路线	10 求职技能	9 就业意识	8 融入团队	7 形象礼仪

3. 专业技能提升路径

1 大学生	2 计算机基础	3 编程基础	4 软件工程	5 数据库	6 网站技术
12 准职业人	11 产品规划	10 项目技能	9 高级应用	8 实施技能	7 基础应用

4. 项目介绍

(1) 金蝶K3

(2) 用友U8

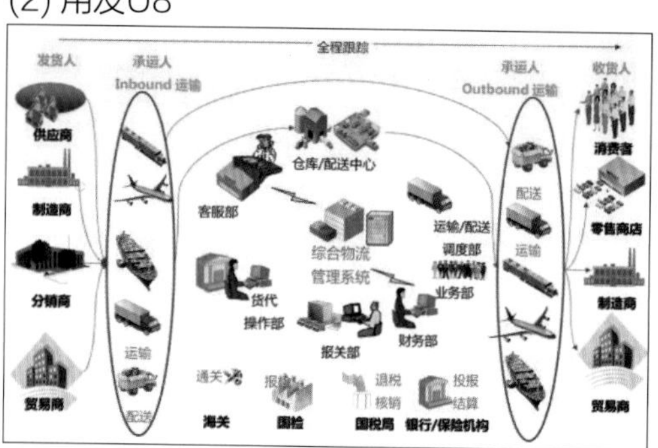

四、网络营销技术工程师

在信息网络时代，网络技术的发展和应用改变了信息的分配和接收方式，改变了人们生活、工作、学习、合作和交流的环境，企业也必须积极利用新技术变革企业经营理念、经营组织、经营方式和经营方法，搭上技术发展的快车，促进企业飞速发展。网络营销是适应网络技术发展与信息网络时代社会变革的新生事物，必将成为跨世纪的营销策略。

互联网企业每天对网络营销工程师需求约47956个需求岗位(数据来自51job)：

已选条件:	网络推广SEO(职位名)
共计职位:	共47956条职位

1. 职业规划发展路线

网络推广专员	网络推广主管	网络推广经理	网络推广总监
网络运营专员	网络运营主管	网络运营经理	网络运营总监

2. 素质能力提升路径

1 大学生	2 大学生活	3 学习习惯	4 职业目标	5 沟通表达	6 自我管理
12 准职业人	11 职业路线	10 求职技能	9 就业意识	8 融入团队	7 形象礼仪

3. 专业技能提升路径

1 大学生	2 计算机基础	3 编程基础	4 网站建设	5 数据库	6 网站技术
12 准职业人	11 产品规划	10 项目实战	9 电商运营	8 网络推广	7 网站SEO

4. 项目介绍

(1) 品牌手表营销网站

(2) 影院销售网站

HITE 6.0 软件开发与应用工程师

工信部国家级计算机人才评定体系

使用 JavaScript 设计交互页面

武汉厚溥教育科技有限公司　编著

清華大学出版社

北　京

内容简介

本书按照高等院校、高职高专计算机课程基本要求，以案例驱动的形式来组织内容，突出计算机课程的实践性特点。本书共 10 个单元：认识 JavaScript、JavaScript 语句和函数、面向对象程序开发、JavaScript 常用对象、JavaScript 内置对象、文档对象模型、JavaScript 事件及应用、JavaScript 闭包、JavaScript 特效制作和 JavaScript 高级特效。

本书内容安排合理，层次清楚，通俗易懂，实例丰富，突出理论和实践的结合，可作为各类高等院校、高职高专及培训机构的教材，也可供广大程序设计人员参考。

图书在版编目(CIP)数据

使用 JavaScript 设计交互页面 / 武汉厚溥教育科技有限公司 编著. —北京：清华大学出版社，2019（2024.8 重印）
(HITE 6.0 软件开发与应用工程师)
ISBN 978-7-302-52508-0

I. ①使… II. ①武… III. ①JAVA 语言－程序设计 IV. ①TP312.8

中国版本图书馆 CIP 数据核字(2019)第 043685 号

责任编辑：刘金喜
封面设计：贾银龙
版式设计：孔祥峰
责任校对：成凤进
责任印制：沈 露

出版发行：清华大学出版社
网 址：https://www.tup.com.cn, https://www.wqxuetang.com
地 址：北京清华大学学研大厦 A 座 邮 编：100084
社 总 机：010-83470000 邮 购：010-62786544
投稿与读者服务：010-62776969, c-service@tup.tsinghua.edu.cn
质 量 反 馈：010-62772015, zhiliang@tup.tsinghua.edu.cn
印 装 者：三河市龙大印装有限公司
经 销：全国新华书店
开 本：185mm×260mm **印 张**：16 **插 页**：2 **字 数**：379 千字
版 次：2019 年 4 月第 1 版 **印 次**：2024 年 8 月第 11 次印刷
定 价：79.00 元

产品编号：082669-02

主　编：

翁高飞　邓雪峰

副主编：

熊　慧　覃宝珍　唐　俊　全丽莉

委　员：

谢厚亮　曾永和　邓卫红　肖卓朋
魏　强　魏红伟　朱华西　黄金水

主　审：

朱　盼　王记志

前言

JavaScript 是一种由 Netscape(网景公司)的 LiveScript 发展而来的、原型化继承的、基于对象的、动态类型的、区分大小写的客户端脚本语言，主要目的是解决服务器端语言(如Perl)遗留的速度问题，为客户提供更流畅的浏览效果。当时服务器端需要对数据进行验证，由于网络速度相当缓慢，只有 28.8Kbps，验证步骤浪费的时间太多，于是 Netscape 的浏览器 Navigator 加入了 JavaScript，提供了数据验证的基本功能。JavaScript 是一种基于对象和事件驱动并具有相对安全性的客户端脚本语言，同时也是一种广泛用于客户端 Web 开发的脚本语言，常用来给 HTML 网页添加动态功能，如响应用户的各种操作。它最初由 Netscape 的 Brendan Eich 设计，是一种动态的、弱类型的、基于原型的语言，内置支持类。

本书是“工信部国家级计算机人才评定体系”中的一本专业教材。“工信部国家级计算机人才评定体系”是由武汉厚溥教育科技有限公司开发，以培养符合企业需求的软件工程师为目标的 IT 职业教育体系。在开发该体系之前，我们对 IT 行业的岗位序列做了充分的调研，包括研究从业人员技术方向、项目经验和职业素质等方面的需求，通过对所面向学生的特点、行业需求的现状及实施等方面的详细分析，结合我公司对软件人才培养模式的认知，按照软件专业总体定位要求，进行软件专业产品课程体系设计。该体系集应用软件知识和多领域的实践项目于一体，着重培养学生的熟练度、规范性、集成和项目能力，从而达到预定的培养目标。

本书共 10 个单元，分别为：认识 JavaScript、JavaScript 语句和函数、面向对象程序开发、JavaScript 常用对象、JavaScript 内置对象、文档对象模型、JavaScript 事件及应用、JavaScript 闭包、JavaScript 特效制作、JavaScript 高级特效。

我们对本书的编写体系做了精心的设计，按照“理论学习—知识总结—上机操作—课后习题”这一思路进行编排。“理论学习”部分描述通过案例要达到的学习目标与涉及的相关知识点，使学习目标更加明确；“知识总结”部分概括案例所涉及的知识点，使知识点完整系统地呈现；“上机操作”部分对案例进行了详尽分析，通过完整的步骤帮助读者快速掌握该案例的操作方法；“课后习题”部分帮助读者理解章节的知识点。本书在内容编写方面，力求细致全面；在文字叙述方面，注意言简意赅、重点突出；在案例选取方面，强调案例的针对性和实用性。

本书凝聚了编者多年来的教学经验和成果，可作为各类高等院校、高职高专及培训机构的教材，也可供广大程序设计人员参考。

本书由武汉厚溥教育科技有限公司编著，由翁高飞、邓雪峰、熊慧、覃宝珍、唐俊、全丽莉等多名企业实战项目经理编写。本书编者长期从事项目开发和教学实施，并且对当前高校的教学情况非常熟悉，在编写过程中充分考虑到不同学生的特点和需求，加强了项目实战方面的教学。本书编写过程中，得到了武汉厚溥教育科技有限公司各级领导的大力支持，在此对他们表示衷心的感谢。

参与本书编写的人员还有：张家界航空工业职业技术学院谢厚亮、曾永和、邓卫红、肖卓朋、魏强、魏红伟、朱华西、黄金水等。

限于编写时间和编者的水平，书中难免存在不足之处，希望广大读者批评指正。

服务邮箱：wkservice@vip.163.com。

编　者

2018 年 10 月

目录

单元一

认识 JavaScript

课程目标

- ▶ 了解 JavaScript 语言
- ▶ 掌握 JavaScript 数据类型
- ▶ 掌握 JavaScript 运算符

简 介

JavaScript 诞生于 1995 年，是一种基于对象的脚本语言，是网景公司(Netscape)最初在 Navigator 2.0 产品上设计并实现的，其前身叫作 LiveScript。它不仅具有条件分支结构、循环结构和函数等程序结构，而且支持 number、string 和 boolean 等原始数据类型，还包括数组对象、数学对象及正则表达式对象。自从 Sun 公司推出著名的 Java 语言之后，Netscape 公司采用了有关 Java 的程序概念，将自己原有的 LiveScript 重新进行设计并改名为 JavaScript，这纯粹是一种商业化的市场策略，所以认为 JavaScript 是简化版的 Java 完全是一种误解。

JavaScript 是客户端脚本语言，也就是说，JavaScript 是在客户的浏览器上运行的，所以，JavaScript 运行环境就是浏览器，不需要服务器的支持。JavaScript 最初的动机是想要减轻服务器数据处理的负担，如表单数据的验证工作、在网页上显示时间、动态广告等。随着 JavaScript 所支持的功能日益增多，网页制作人员转而利用它来进行动态网页的设计。

JavaScript 是一种解释语言，其源代码在客户端执行之前不需经过编译，而是将文本格式的字符代码在客户端由浏览器解释执行。这就是说，JavaScript 是需要浏览器支持的。Microsoft 公司的 IE 浏览器在以前的版本中是不支持 JavaScript 语言的，从 IE 4.0 之后开始全面支持 JavaScript，这使得 JavaScript 成为两大浏览器的通用语言，也成为当前制作动态网页的一项利器。

JavaScript 从一个简单的输入验证器发展成为一门强大的编程语言，完全出乎人们的意料。应该说，它既是一门非常简单的语言，又是一门非常复杂的语言。说它简单，是因为学会使用它只需片刻时间；而说它复杂，是因为要真正掌握它则需要数年时间。要想全面理解和掌握 JavaScript，关键在于了解清楚它的本质、历史和局限性。

1.1 JavaScript 简史

在 Web 日益流行的同时，人们对客户端脚本语言的需求也越来越强烈。那时，绝大多数互联网用户都使用速度仅为 28.8kbit/s 的“猫”(调制解调器)上网，但网页的大小和复杂性在不断增加，为完成简单的表单验证而频繁地与服务器交换数据只会加重用户的负担。当时走在技术革新最前沿的 Netscape(网景公司)，决定着手开发一种客户端语言，用来处理这种简单的验证。当时就职于 Netscape 公司的布兰登・艾奇(Brendan Eich)开始着手为计划于 1995 年 2 月发布的 Netscape Navigator 2 开发一种名为 LiveScript 的脚本语言——该语言将同时在浏览器和服务器中使用(它在服务器上的名字叫作 LiveWire)。为了赶在发布日期前完成 LiveScript 的开发，Netscape 与 Sun 公司建立了一个开发联盟。在 Netscape Navigator 2 正式发布前夕，Netscape 为了搭上媒体热炒 Java 的“顺风车”，临时把 LiveScript 改名为 JavaScript。由于 JavaScript 1.0 获得了巨大成功，Netscape 随即在 Netscape Navigator 3 中又发布了 JavaScript 1.1。Web 虽然羽翼未丰，但用户关注度却屡创新高。在这样的背景下，Netscape 把自己定位为市场领袖型公司。Netscape Navigator 3 发布后不久，微软就在其Internet Explorer 3中加入了名为JavaScript的JavaScript实现(命名为JavaScript是为了避开与Netscape有关的授权问题)，这个重大举措同时也标志着JavaScript作为一门语言，其开发向前迈进了一大步。微软推出其JavaScript实现意味着有了两个不同的JavaScript版本：Netscape Navigator中的JavaScript和Internet Explorer中的JavaScript。与C语言及其他编程语言不同，当时还没有标准规定JavaScript的语法和特性，两个不同版本并存的局面已经完全暴露了这个问题。随着业界人士担心的日益加剧，JavaScript的标准化问题被提上了议事日程。1997年，以JavaScript 1.1为蓝本的建议被提交给了欧洲计算机制造商协会(European Computer Manufacturers Association，ECMA)。该协会指定39号技术委员会(Technical Committee #39，TC39)负责"标准化一种通用、跨平台、供应商中立的脚本语言的语法和语义"。他们经过数月的努力完成了ECMA-262——定义一种名为ECMAScript(发音为"ek-ma-script")的新脚本语言的标准。第二年，ISO/IEC(International Organization for Standardization and International ElectrotechnicalCommission，国标标准化组织和国际电工委员会)也采用了ECMAScript作为标准(即ISO/IEC-16262)。自此以后，浏览器开发商就开始致力于将ECMAScript作为各自JavaScript实现的基础，也在不同程度上取得了成功。

1.2 在HTML中使用JavaScript

在HTML中使用JavaScript有以下4种方法。

(1) 把JavaScript代码写在<script>…</script>标签中，将标签插入到网页中。

(2) 由在<script>标签中使用的src属性指定使用外部脚本文件(.js)。

(3) 放置在事件处理程序中，该事件处理程序由onclick或onmouseover这样的HTML标签的属性值指定。

(4) 使用伪URL，在浏览器的地址栏中使用特殊的javascript:协议加上代码。例如，在浏览器的地址栏中输入javascript: alert("hello")将显示"hello"消息框。

本章主要介绍前面两种在页面中使用JavaScript代码的方法。

1.2.1 使用<script>标签

向HTML页面中插入JavaScript的主要方法，就是使用<script>元素。这个元素由Netscape创造并在Netscape Navigator 2中首先实现。后来，这个元素被加入到正式的HTML规范中。HTML 4.01为<script>定义了下列6个属性。

(1) async：可选。表示应该立即下载脚本，但不应妨碍页面中的其他操作，如下载其他资源或等待加载其他脚本。其只对外部脚本文件有效。

(2) charset：可选。表示通过src属性指定的代码的字符集。由于大多数浏览器会忽略它的值，因此这个属性很少有人用。

(3) defer：可选。表示脚本可以延迟到文档完全被解析和显示之后再执行。其只对外部脚本文件有效。IE7及更早版本对嵌入脚本也支持这个属性。

(4) language：已废弃。原来用于表示编写代码使用的脚本语言(如 JavaScript、JavaScript 1.2 或 VBScript)。大多数浏览器会忽略这个属性，因此也没有必要再用了。

(5) src：可选。表示包含要执行代码的外部文件。

(6) type：可选。可以看成是 language 的替代属性，表示编写代码使用的脚本语言的内容类型(也称为 MIME 类型)。虽然 text/javascript 和 text/ecmascript 都已经不被推荐使用，但人们一直以来使用的都还是 text/javascript。实际上，服务器在传送 JavaScript 文件时使用的 MIME 类型通常是 application/x－javascript，但在 type 中设置这个值却可能导致脚本被忽略。另外，在非 IE 浏览器中还可以使用以下值：application/javascript 和 application/ecmascript。考虑到浏览器兼容性的最大限度，目前 type 属性的值依旧还是 text/javascript。不过，这个属性并不是必需的，如果没有指定这个属性，则其默认值仍为 text/javascript。

来看一段嵌入到网页中的 JavaScript 代码，这是第一个 JavaScript 程序，这段代码能实现弹出一个对话框。打开记事本，输入示例 1-1 所示的代码，保存为 helloworld.html。

示例 1-1：

```
<html>
<head>
<meta http-equiv="Content-Type" content="text/html; charset=gb2312" />
<title>HelloWorld</title>
</head>
<body>
<script language="javascript">
<!--
    //使用 window 对象的 alert 方法弹出对话框
    alert("欢迎进入 JavaScript 世界！");
//-->
</script>
</body>
</html>
```

在 IE 浏览器中打开 helloworld.html，运行结果如图 1-1 所示。

图　1-1

与 HTML 语言一样，JavaScript 程序代码是一些可用文本编辑器浏览和编辑的文本。JavaScript 程序代码由<script language="javascript">...</script>标签来说明。在标签之间可加入 JavaScript 代码。W3C HTML 语法规范建议，language 属性最好不要使用，可以使用属性 type 来标识 MIME 使用的语言类型。JavaScript 的 MIME 类型通常使用"text/javascript"。除在<script>标签中使用 type 属性外，依照 HTML 的规范必须也要指定<meta>元素。后面在<script>标签中统一使用 type 属性。

提示

W3C是指World Wide Web联盟，负责站点技术的标准化工作，如制定HTML、XML和CSS的规范和标准。W3C的官方网站是http://www.w3c.org，从该网站可以得到有关Web方面的规范的标准信息。

例1-1中使用HTML的注释标记，通过<!--...//-->标签来说明，如果浏览器不支持JavaScript代码，则所有在其中的内容均被忽略。若浏览器支持，则执行其结果。使用注释是一个好的编程习惯，它使程序具有可读性。

从上面的实例分析中可以看出，编写一个JavaScript程序确实是非常容易的。

1.2.2　使用 JavaScript 外部文件

下面使用在网页中嵌入JavaScript源文件的方式来实现例1-1，打开Dreamweaver 8.0，新建一个JavaScript 源文件，文件名字是hello.js，如图1-2所示。

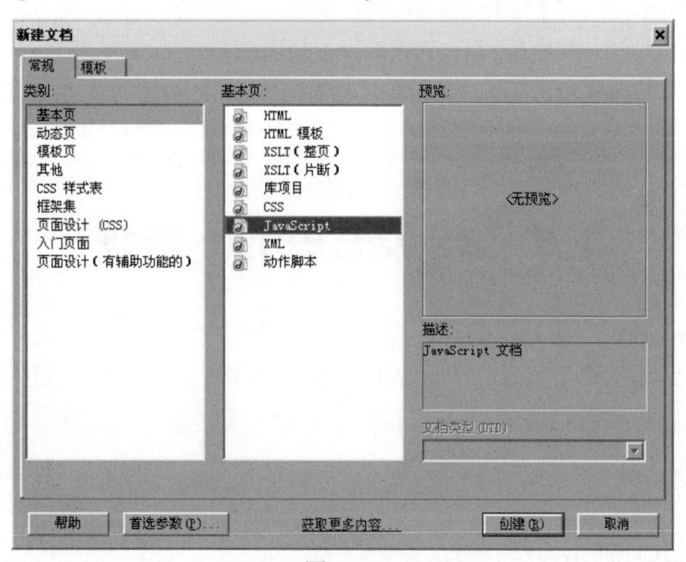

图　1-2

在创建的hello.js文件中输入以下代码：

```
alert("欢迎进入JavaScript世界！");
```

使用Dreamweaver新建一个HTML网页helloworld1.hmtl，代码如示例1-2所示。

示例1-2：

```
<html>
<head>
<meta http-equiv="Content-Type" content="text/html; charset=gb2312" />
<title>HelloWorld</title>
```

```
</head>
<body>
<script type="text/javascript" src="hello.js" ></script>
</body>
</html>
```

使用外部 js 文件的方式，同样可以实现弹出一个“欢迎进入 JavaScript 世界!”的对话框。

1.2.3 JavaScript 编写规范

当学习一门新的语言时，很重要的一点就是要知道它有哪些主要的特点。例如，代码是如何被执行的及编写 JavaScript 代码通常要遵循的规范等。

(1) JavaScript 代码一行一行地被浏览器解释执行。把 JavaScript 代码的函数定义和变量的声明放在页面的<head>…</head>标签内比较好。

(2) 使用{ }符号来标识由多条语句代码组成的代码块。在 JavaScript 代码中，块的开始符号“{” 和结束符号“}”必须是成对出现的。

(3) JavaScript 代码中的空格。JavaScript 会忽略多余的空白区域和空格。在 JavaScript 脚本中，出于编程的需要，可以添加额外的空格或制表符(Tab)使代码的格式工整，用来增强代码的可读性。

1.3 JavaScript 基础

在学习JavaScript过程中，我们首先要了解一些基础知识。本单元先介绍数据类型和运算等一些基础，后面的章节将陆续介绍程序的控制和浏览器提供的内置对象及自定义的函数和对象。正是这些核心成分使JavaScript功能强大，同时使用户实现复杂的业务逻辑这一想法成为可能。

1.3.1 JavaScript 语法

JavaScript 语法借鉴了大量 C 语言、Java 的语法，但是相对来说更加宽松。

(1) 区分大小写。JavaScript 语言中的一切(变量、函数名和操作符)都区分大小写。也就意味着变量 count 与 COUNT 分别表示两个不同的变量。

(2) 标识符。所谓标识符，就是指变量、函数、属性的名字，或者函数的参数。标识符可以是按照下列格式规则组合起来的一个或多个字符。

- 第一个字符必须是字母、下画线“_”或美元符号“$”。
- 其他字符可以是字母、下画线、美元符号或数字。

标识符中的字母也可以包含扩展的 ASCII 或 Unicode 字母字符(如 À 和 Æ)，但我们不推荐这样做。按照惯例，标识符采用驼峰大小写格式，也就是第一个字母小写，剩下的每个单词的首字母大写，如 firstSecond、myCar、doSomethingImportant。虽然没有强制要求必须采用这种格式，但为了与 ECMAScript 内置的函数和对象命名格式保持一致，可以将其当作一种最佳实践。

(3) 注释。ECMAScript 使用 C 语言风格的注释，包括单行注释和块级注释。

单行注释以两个斜杠开头，如下所示：

```
// 单行注释
```

块级注释以一个斜杠和一个星号“/*”开头，以一个星号和一个斜杠“*/”结尾，如下所示：

```
/*
* 这是一个多行
* (块级)注释
*/
```

虽然上面注释中的第二和第三行都以一个星号开头，但这不是必需的。之所以添加两个星号，是为了提高注释的可读性(这种格式在企业级中应用得比较多)。

(4) 语句。JavaScript 语句是以分号“;”结束，如果语句没有写分号，解析器将会确定语句的结尾，比如：

```
var count=0                    //没有分号结束——不推荐
var sun=0;                     //有分号      ——推荐
```

虽然在JavaScript语句中分号结束语句不是必需的，但是建议加上，在任何时候都尽量不要省略，因为可以避免一些不必要的错误。

(5) 严格模式。JavaScript 严格模式(strict mode)即在严格的条件下运行。其是在 JavaScript 1.8.5 (ECMAScript 5)中新增的。在严格模式下，ECMAScript 3 中的一些不确定行为将得到处理，而且对某些不安全的操作也会抛出错误。要在整个脚本中启用严格模式，可以在顶部添加如下代码：

```
"use strict"
```

它是一个编译指示(pragma)，用于告诉支持的 JavaScript 引擎切换到严格模式。这是为了不破坏 JavaScript 第 3 版语法而特意选定的语法。在函数内部的上方包含这条编译指示，也可以指定函数在严格模式下执行：

```
function dothing(){
    "use strict";
    //函数体
}
```

严格模式下，JavaScript 的执行结果会有很大不同，因此本书将会随时指出严格模式下的区别。支持严格模式的浏览器包括 IE10+、Firefox 4+、Safari 5.1+、Opera 12+和 Chrome。

1.3.2 关键字和保留字

JavaScript 描述了一组具有特定用途的关键字，这些关键字可用于表示控制语句的开始或结束，或者用于执行特定操作等。按照规则，关键字也是语言保留的，不能用作标识符。JavaScript 的全部关键字包括(带*号上标的是第 5 版新增的关键字)：break、catch、debugger*、in、do、finally、function、try、instanceof、return、this、typeof、void、with、case、continue、default、else、for、if、new、switch、throw、var、while、delete。

JavaScript 还描述了另外一组不能用作标识符的保留字。尽管保留字在这门语言中还没有任何特定的用途，但它们有可能在将来被用作关键字。JavaScript 第 3 版定义的全部保留字有：abstract、byte、class、debugger、enum、extends、float、implements、int、long、package、protected、short、super、throws、volatile、boolean、char、const、double、export、final、goto、import、interface、native、private、public、static、synchronized、transient。

第 5 版把在非严格模式下运行时的保留字缩减为：class、enum、extends、super、const、export、import。

在严格模式下，第 5 版还对以下保留字施加了限制：implements、package、public、interface、private、static、let、protected、yield。

let 和 yield 是第 5 版新增的保留字，其他保留字都是第 3 版定义的。为了最大程度地保证兼容性，建议将第 3 版定义的保留字外加 let 和 yield 作为编程时的参考。在实现 JavaScript 3 的 JavaScript 引擎中使用关键字作标识符，会导致“Identifier Expected”错误，而使用保留字作标识符可能会导致相同的错误，具体取决于特定的引擎。第 5 版对使用关键字和保留字的规则进行了少许修改。关键字和保留字虽然仍然不能作为标识符使用，但现在可以用作对象的属性名。一般来说，最好都不要使用关键字和保留字作为标识符和属性名，以便与将来的 JavaScript 版本兼容。除上面列出的保留字和关键字外，JavaScript 第 5 版对 eval 和 arguments 还施加了限制。在严格模式下，这两个名字也不能作为标识符或属性名，否则会抛出错误。

1.3.3 JavaScript 数据类型

JavaScript 的数据类型与 Java 相似，分为基本数据类型和引用数据类型。基本数据类型有下面几种。

(1) 数值数据类型(number)。JavaScript 支持整数和浮点数，占 8 个字节。整数可以为正数、0 或者负数；浮点数可以包含小数点，也可以包含一个 e(大小写均可，在科学记数法中表示“10 的幂”)，或者同时包含这两项。

(2) 布尔类型(boolean)。boolean 类型的取值可以是 true 或 false。

(3) 未定义数据类型(undefined)。undefined表示一个未声明的变量，或已声明但没有赋值的变量，或一个并不存在的对象属性。

(4) 空数据类型(null)。null 值就是没有任何值，什么也不表示。

引用数据类型有下面几种。

(1) 字符串类型(string)。字符串是用单引号或双引号来说明的。例如：

```
"One World ! One Dream ! "
```

(2) Array 数组类型。数组是数据元素的有序集合。

(3) 对象类型(object)。对象是 JavaScript 中的重要组成部分，这部分将在后面章节详细介绍。

使用 typeof 方法可以查看数据的类型。例如，var str="你好！";alert(typeof(str));将显示 string，var obj = null;alert(typeof(obj));将显示 object。

1.3.4　变量

变量就是所对应的值可能随程序的进行而变化的量。JavaScript 使用 var 关键字来声明一个变量。

1. JavaScript 中变量的命名规则

JavaScript 中变量的命名规则如下。

(1) 变量名的第一个字符只能是英文字母或下画线。

(2) 变量名从第二个字符开始，可以使用数字、字母和下画线。

(3) 变量名区分大小写，如变量 A 和变量 a 是两个不同的变量。

(4) 不能使用 JavaScript 的关键字(保留字)。

2. 变量定义的方法

在定义 JavaScript 变量时，可以使用以下方式。

```
(1) var name;                    //只声明变量，没有给初值
(2) var answer = null;           //声明变量同时给变量赋空值
(3) var price = 12.50;           //声明变量同时给变量赋数值的值
(4) var str ="Hello!Mike";       //声明变量同时给变量赋字符串的值
(5) var a, b, c;                 //使用逗号同时声明多个变量，没有给初值
(6) result = true;               //省略 var 关键字来声明变量，赋布尔值
```

虽然 JavaScript 中使用数据类型来描述数据，但是由于 JavaScript 语言本身的特点是一种弱类型的语言，所以所定义变量的数据类型决定于变量的值本身。例如，开始声明一个变量 var str ="this is test! "，变量 str 是字符串类型。在程序运行的过程中可以把一个布尔值重新赋给这个变量，str = true，这时这个变量的数据类型就成为布尔型。这就说明了声明变量时不指定数据类型的原因。看看定义变量的示例 1-3。

示例 1-3：

```
<html>
<head>
<meta http-equiv="Content-Type" content="text/html; charset=gb2312" />
```

```
<title>变量的定义</title>
</head>
<body>
<script type="text/javascript">
<!--
var salary;              //定义变量
salary = 2000;           //给变量赋值
var name = "布什";
var price = 2.5;
var isFamle = true ;
var obj = null ;
//使用 document.write()方法，可以将数据输出到页面
document.write("您的薪水是 ：" +salary+ "元! salary 的类型是:"+typeof (salary)+"<br>");
document.write("我的名字是 ：" + name + "! name 的类型是:"+typeof(name) +"<br>");
document.write("苹果价格是 ：" + price + "元! price 的类型是:"+typeof (price)+"<br>");
document.write("isFamle 的类型是:"+typeof(isFamle)+"<br>" );
document.write("obj 的类型是:"+typeof(obj)+"<br>");
//-->
</script>
</body>
</html>
```

页面浏览结果如图 1-3 所示。

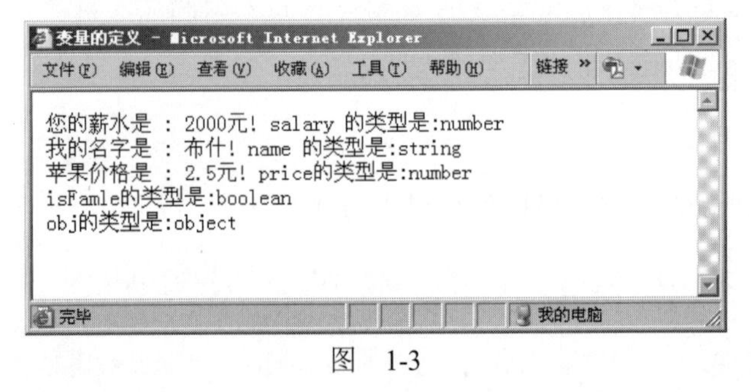

图 1-3

1.3.5 混合计算时的数据类型

各种数据类型混合在一起计算时，所计算出来的结果如下。

(1) 整数+小数结果是小数。

(2) 整数+字符串结果是字符串。

(3) 整数+布尔型结果是整数。

(4) 整数+空值结果是整数。

(5) 小数+字符串结果是字符串。

(6) 小数+布尔型结果是小数。

(7) 小数+空值结果是小数。

(8) 字符串+布尔型结果是字符串。

(9) 字符串+空值结果是字符串。

(10) 布尔型+空值结果是整数。

1.3.6　数据类型的转换

数据类型的转换在任何语言里都是一个至关重要的部分，如何将数据转换成程序中需要的数据类型，也是程序开发人员需要掌握的。JavaScript 中的数据类型转换分为自动类型转换和强制类型转换。

1. 自动类型转换

自动类型转换如表 1-1 所示。

表 1-1　自动类型转换

变量原来的值	string 类型	number 类型	boolean 类型	object 类型
var x;	string	number	boolean	object
未给初值	"undefined"	NaN	false	错误
null	"null"	0	false	object
非空字符串	字符串本身	字符串或 NaN	true	字符串对象
""	""	0	false	字符串对象
0	"0"	0	false	数值对象
不为 0 的数字	"数字本身"	数字本身	true	数值对象
NaN	"NaN"	/	false	数值对象
true	"true"	1	true	boolean 对象
false	"false"	0	false	boolean 对象

2. 强制类型转换

强制类型转换是指数字与字符串之间的转换。

(1) 转换成整数：用 parseInt()函数。

(2) 转换成小数：用 parseFloat()函数。

代码如示例 1-4 所示。

示例 1-4：

```
<html >
<head>
<meta http-equiv="Content-Type" content="text/html; charset=gb2312" />
<title>类型转换</title>
</head>
<body>
  <script type="text/javascript">
  <!--
  var address;
document.write("address 的值是:" +address+"<br>");
```

```
var phone = null;
document.write("phone 的值是:" +phone+"<br>");
 var sname = "HOPE";                          //定义变量
 var snameResult = parseInt(sname);           //将变量转换成整型数字
 document.write("将姓名转换为数字的结果是:" + snameResult+"</br>");
 var age = "20";                              //定义变量
 var ageResult = parseInt(age);               //将变量转换成整型数字
 document.write("将年龄转换为数字的结果是:" + ageResult);
 //-->
 </script>
</body>
</html>
```

页面浏览结果如图 1-4 所示。

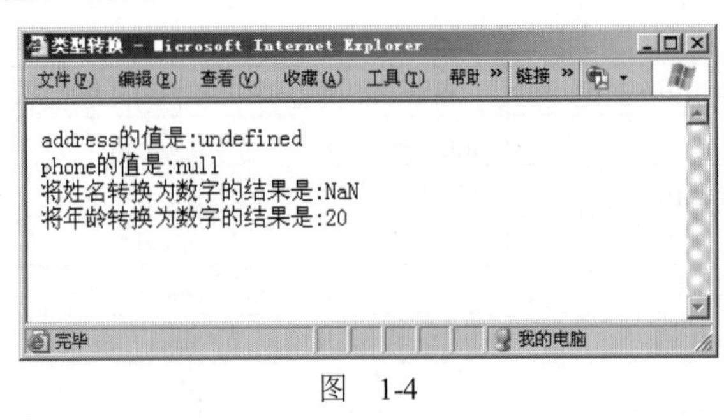

图 1-4

1.4 JavaScript 表达式和运算符

JavaScript 中，表达式是由操作数和操作符组成的。表达式先按照某个规则计算，然后把值返回。JavaScript 中的运算符主要分为以下几种类型：赋值运算符、算术运算符、结合运算符、比较运算符、逻辑运算符、字符串运算符、条件运算符。

1.4.1 赋值运算符

同 C 语言和 Java 语言一样，JavaScript 中最基本的运算是赋值运算。使用赋值运算符“=”，把一个值赋给一个变量，例如，var name = "比尔・盖茨";var isTrue = true。也可以使用赋值运算给多个变量同时赋值，例如，var x = y = z = w = 10 ;，结果是所有的变量的值都是 10。学习中要注意“=”和“==”的使用，有人经常会把“==”写成“=”，这也是常犯的错误之一。

1.4.2 算术运算符

算术算符如表 1-2 所示。

表 1-2　算术运算符

运算符	说明	示例	结果
+	加法运算	x = 5, y = 7; sum = x+y;	sum 值 12
-	减法运算	x = 5, y = 7; sum = x-y;	sum 值-2
*	乘法运算	x = 5, y = 7; sum = x*y;	sum 值 35
/	除法运算	x = 5, y = 10; sum = x/y;sum1=y/x;	sum 值 0.5,sum1 值 2
%	取余运算	x = 5, y = 7; sum = x%y;sum1=y%x;	sum 值 5,sum1 值 2

代码如示例 1-5 所示。

示例 1-5：

```
<html>
<head>
<meta http-equiv="Content-Type" content="text/html; charset=gb2312" />
<title>算术运算符</title>
</head>
<body>
<script type="text/javascript">
<!--
var num1 = 5 ;
var num2 = 4 ;
document.write("和是:"+(num1 + num2) +"<br />");
document.write("差是:"+(num1 - num2 ) +"<br />");
document.write("积是:"+(num1 * num2) +"<br />" );
document.write("商是:"+(num1 / num2 ) +"<br />");
document.write("余数是:"+(num1 %num2 ) +"<br />");
// -->
</script>
</body>
</html>
```

页面浏览结果如图 1-5 所示。

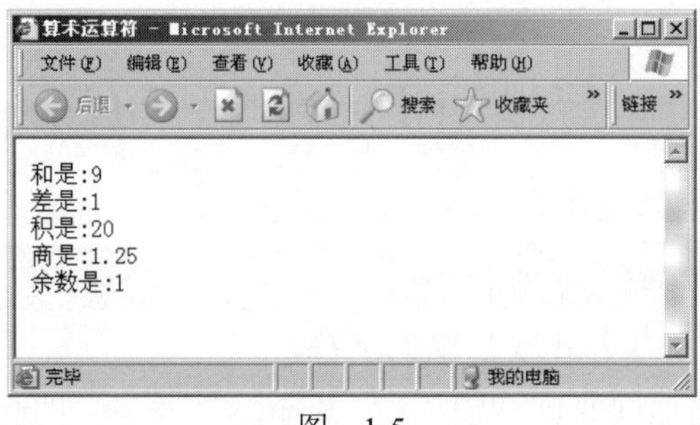

图　1-5

1.4.3　结合运算符

同 C 语言和 Java 语言一样，JavaScript 语言也支持结合运算。结合运算符如表 1-3 所示。

表 1-3　结合运算符

运算符	等价于	示例
x += y	x = x+y	var x = 5; x += 7; x 值是 12
x-= y	x = x-y	var x = 5; x-=7; x 的值是-2
x *= y	x = x * y	var x = 5; x *= 7; x 的值是 35
x /= y	x = x / y	var x = 5; x /= 2; x 的值是 2.5
x %= y	x = x % y	var x = 5; x %= 4; x 的值是 1

结合运算符中有两个特殊的运算符，自加运算符“++”和自减运算符“--”。使用过程中要注意是先加还是后加，先减还是后减。例如，var x = 3 ;var y ; y = x++和 y=++x 这两个语句执行后 y 的值是不同的，在程序中一定要注意使用。

1.4.4　比较运算符

比较运算符是比较两个操作对象，并返回一个逻辑值。操作对象既可以是数字，也可以是字符串值。比较运算符如表 1-4 所示。

表 1-4　比较运算符

运算符	说明	示例	结果
==	等于。如果两个操作数相等，则返回 true	2==2	true
!=	不等于。如果两个操作数不等，则返回 true	2 != 5	true
>	大于。如果左操作数大于右操作数，则返回 true	3 > 2	true
>=	大于或等于。如果左操作数大于或等于右操作数，则返回 true	5>=3	true
<	小于。如果左操作数小于右操作数，则返回 true	3<2	false
<=	小于或等于。如果左操作数小于或等于右操作数，则返回 true	3<=2	false
===	绝对相等。如果操作对象相等且类型相等，则返回 true	5 === 5	true
!==	绝对不等。如果操作对象不相等，并且不是同一类型，则返回 true	5 !=== '5'	true

字符串的比较按照字母表顺序进行比较，考虑到字母有大小写，所以必须遵循下面的规则。

(1) 小写字母小于大写字母。

(2) 较短的字符串小于较长的字符串。

(3) 先出现在字母表的字符小于后面的字符。

例如，下面的例子均返回 true："b">"a" ; "thomas">"bush" ; "bbbbb">"b" ; "abC">"abc"。

1.4.5　逻辑运算符

逻辑运算符是对两个表达式进行处理，并返回一个布尔值，其真值表如表 1-5 所示。

表 1-5　逻辑运算符真值表

表达式 1 值	表达式 2 值	&&与运算结果	||或运算结果	!表达式 1 运算结果
true	true	true	true	false
true	false	false	true	false
false	true	false	true	true
false	false	false	false	true

问题：

请问下面的代码进行逻辑运算后的值是多少呢？

(1) var str="test "; str && true 结果是什么？ str || true 结果是什么？

(2) var num =12 ;num && true 结果是什么？ num || true 结果是什么？

参照数据类型自动转换表。

1.4.6　字符串运算符

字符串运算符："+"对字符串进行连接处理。代码如示例 1-6 所示。

示例 1-6：

```
<html>
<head>
<meta http-equiv="Content-Type" content="text/html; charset=gb2312" />
<title>字符串运算符</title>
</head>
<body>
<script type="text/javascript">
<!--
var str1 = "北京，";
var str2 = "欢迎你！";
var str3 = str1 + str2 + "汤姆";
document.write("str3=" + str3 + "<br>");
var str4 = "请付"+ 50+"元的士费！";
document.write("str4=" + str4);
//-->
</script>
</body>
</html>
```

页面浏览结果如图 1-6 所示。

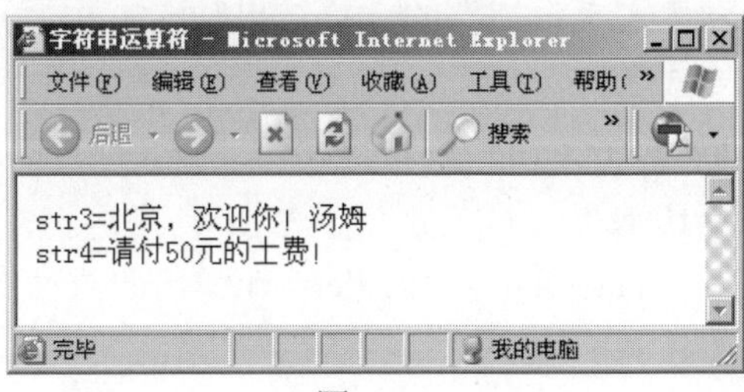

图　1-6

1.4.7　条件运算符

条件运算符的语法：(条件)?条件真的值:条件假的值。例如，status = (age >= 18) ? "adult" : "minor";表示如果 age >= 18，则将 adult 赋给 status，否则将 minor 赋给 status。

1.4.8　运算符的优先级

在表达式中，遇到多个操作符同时存在时，按优先级进行运算，如表 1-6 所示。

表 1-6　运算符的优先级

优先级	运算符
1	. [] () ++ -- ! typeof
2	* / % + -
3	< <= > >= == != === !===
4	&& || ?: = *= /= %= += -=

【单元小结】

- JavaScript 语言是基于对象的语言。
- 使用<script>标签在网页中使用 JavaScript。
- 使用<script>标签的 src 属性引入外部文件.js 文件。
- 掌握 JavaScript 中的数据类型。
- 掌握 JavaScript 中各种运算符。

【单元自测】

1. 下列对 JavaScript 语言描述不正确的是(　　)。
   A. JavaScript 在客户端执行　　B. JavaScript 由客户端解释执行
   C. JavaScript 语言是基于对象的　　D. JavaScript 在服务器端执行
2. 在网页中引入 JavaScript 外部文件使用下面哪个标记？(　　)
   A. <body>　　B. <head>　　C. <script>　　D. <html>
3. 在 JavaScript 中，表达式 5 + “5” 的计算结果是(　　)。
   A. 10　　B. 55
4. 在 JavaScript 中，document.write(6/5)的输出结果是(　　)。
   A. 1　　B. 1.2
5. 使用类型转换，var r = parseInt("A ") ; alert (r);弹出的对话框显示的是(　　)。
   A. NaN　　B. A

【上机实战】

上机目标

- 掌握在网页中引入 JavaScript 的方式
- 掌握 alert 函数和 document.write 函数
- 掌握 JavaScript 数据类型及类型转换的方式
- 掌握 JavaScript 运算符

上机练习

◆第一阶段 ◆

练习 1：弹出对话框显示文字

【问题描述】

在网页中使用 JavaScript 代码，动态地在页面加载时弹出一个对话框，显示“欢迎使用 JavaScript!”。

【问题分析】

(1) 要在网页打开时弹出对话框，需要使用 JavaScript 的 alert()函数。

(2) 可以使用在网页中嵌入<script>标签的方式实现。

【参考步骤】

(1) 创建新的 HTML 页面，取名 lesson1.html。

(2) 更改网页中<title>的值为“欢迎界面”，删除<!DOCTYPE>标签和<html>的 xmlns 属性。

(3) 修改 JavaScript 代码，如图 1-7 所示。

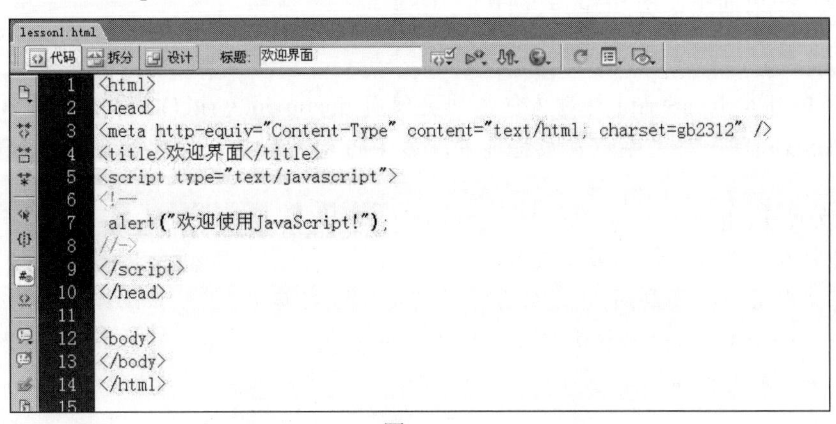

图　1-7

(4) 按快捷键 F12，在 IE 浏览器中查看 lesson1.html 页面，结果如图 1-8 所示。

图 1-8

(5) 图 1-8 是将<script>标签放在<head>标签中，修改上面的代码，把整个<script>标签拖动到<body>标签中，同时在<body>标签中加入一句静态文本“欢迎使用 JavaScript!”，代码如图 1-9 所示。按 F12 键运行，查看与刚才的顺序编写的代码实现的结果有什么不同。

图 1-9

练习 2：在页面中使用外部.js 文件

【问题描述】

在页面中引入 JavaScript 外部文件，并要使用 document.write()方法在网页中打印“欢迎使用 JavaScript!”，将文字放在层标签中，文字的大小是 36，文字的颜色是红色。

【问题分析】

(1) 要引入外部文件，必须首先创建*.js 文件。

(2) 要使用层，必须要用<div>标签，并将文字放在其中。

(3) 使用<div>的 style 属性来控制文字大小和颜色。

(4) 注意双引号和单引号的使用。

【参考步骤】

(1) 创建 lesson2.js 文件。

(2) 在 lesson2.js 文件中输入下面的代码。

```
document.write("<div style='font-size:36px; color:red'>");
document.write("欢迎使用 JavaScript！ ");
document.write("</div>");
```

(3) 在 lesson2.js 文件的相同路径下创建一个网页文件 lesson2.html。

(4) 在 lesson2.html 编写如下代码。

```
<html>
<head>
<meta http-equiv="Content-Type" content="text/html; charset=gb2312" />
<title>使用外部*.js 文件</title>
</head>
<body>
<script type="text/javascript" src="lesson2.js"></script>
</body>
</html>
```

(5) 按 F12 键，在 IE 中浏览 lesson2.html。运行结果如图 1-10 所示。

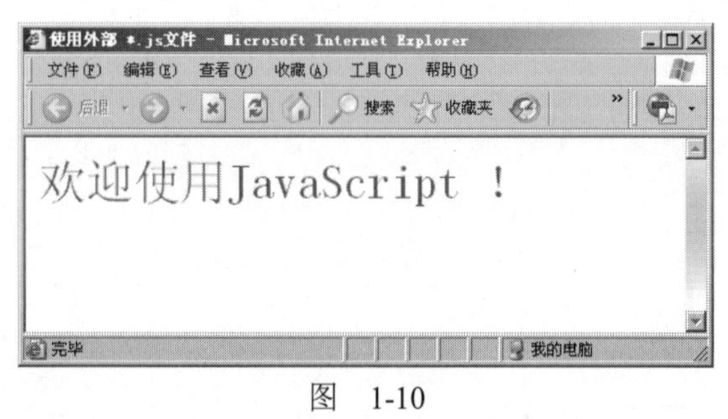

图　1-10

◆第二阶段 ◆

练习 3：在页面中使用外部.js 文件

【问题描述】

编写一个页面，以及一个.js 文件，使用引入外部文件的方式在网页中加入链接，并给链接一个样式。链接本身是红颜色，当鼠标移动到链接上时变为黄色，访问后的链接为绿色，并将这个 JavaScript 代码引入到页面中。

【问题分析】

(1) 实现一个网页。

(2) 实现一个 JavaScript 源文件。

(3) 使用 document.write()函数。

(4) 注意代码中的单引号和双引号的使用。

【拓展作业】

(1) 分别在网页的<head>和<body>中嵌入 JavaScript 代码，弹出对话框显示“你好”。

(2) 分别在网页的<head>和<body>中使用外部.js 文件，弹出对话框显示“你好”。

(3) 掌握自动类型转换的知识点，看看下面的几个 alert()方法的返回值各是多少，体会数据类型的自动转换。

① alert(2==true);

② alert(2===true) ;

③ alert("2"&&true);

④ alert(0 == "");

⑤ alert(null==false);

(4) 在网页中打印 5/4 和 20/4 的结果。

(5) 在网页中查看 alert(10/0)的结果(数据类型为 Infinity)。

(6) 在网页中查看结果：var w = 3, q = 2, t = 5, e = 8; w = q = t = e;请问最后的结果 w,q,t,e 的值各是多少(体会赋值运算)？

单元 二

JavaScript 语句和函数

课程目标

- ▶ 掌握 if 语句和 switch 语句
- ▶ 掌握循环控制语句
- ▶ 掌握常用的内置函数
- ▶ 掌握函数的定义与调用

简 介

在上一单元中我们学习了表达式，知道了通过运算来计算表达式的值。在本单元，要学习程序的语句。有了语句，程序才能帮我们做要做的事情。JavaScript 程序实际上是语句的组合，只有熟悉这些语句的用法，才能写出好的 JavaScript 程序。JavaScript 语句包括流程控制语句(if-else、switch-case)、循环语句(while、do-while、for)和循环控制语句(continue、break)。JavaScript 也支持对象相关的语句(with、for in)，这些语句为 JavaScript 提供了强大的功能。除此之外，JavaScript 还提供了许多内置的函数，并提供了实现自定义函数的方法。

2.1 条件判断语句

条件判断语句包括 if 语句及其各种变形、switch 语句。这些语句可以根据不同的条件来执行不同的语句块。if 语句是最简单最常用的条件判断语句，通过判断条件表达式的结果为 true 或 false 来确定要执行哪一个语句块。

2.1.1 简单 if 语句

简单 if 语句的格式如下：

```
if (条件表达式)
{
    语句块 1;
}
语句块 2;
```

其中的条件表达式计算结果为 true 或 false。如果结果为 true，则程序先执行{}内的语句块 1，然后再执行“}”后的语句块 2；如果结果为 false，则程序跳过{}内的语句块 1 而直接执行“}”后的语句块 2；如果{}内的语句块 1 只包含一条语句，则{}可以不写。if 语句后面总跟着{}是个良好的编程习惯，如示例 2-1 所示。

示例 2-1：

```
<html>
<head>
<meta http-equiv="Content-Type" content="text/html; charset=gb2312" />
<title>简单的 if 语句</title>
<script type="text/javascript">
<!--
var score ;                          //定义变量 score 代表分数
score = prompt("请输入成绩","");      //使用 Window 对象 prompt()函数，弹出一个输入框
if (score >= 60)                     //判断分数是否>=60，返回 true 或 false
{
```

```
        alert("考试及格!"); //如果分数>=60 为 true，则显示及格的消息，否则不显示
    }
    //-->
    </script>
    </head>
    <body>
    </body>
    </html>
```

程序的运行结果如图 2-1 所示。

图 2-1

输入 80 并单击【确定】按钮后，显示如图 2-2 所示的消息框。

图 2-2

在上面的代码中使用了prompt()函数和alert()函数。它们都是Window对象的方法，后面的章节会介绍。prompt()函数的作用是弹出一个输入对话框，要求用户在对话框中输入一个字符串，该函数返回用户输入的字符串。alert()函数用于弹出一个模态的消息对话框。在声明score变量时并没有给出初值，然后把prompt()函数的返回值赋给了它。此时，score变量的数据类型是string类型。在条件表达式score>=60 中，字符串类型和数字类型比较，这时字符串类型会自动转换成数字类型。

2.1.2 if-else 语句

if-else 语句的格式如下：

```
if (条件表达式)
{
    语句块 1;
}
else
{
    语句块 2;
}
```

if-else 语句是条件分支语句，如果条件表达式的值为 true，则程序只执行语句块 1，不

执行语句块 2 的代码；如果条件表达式的值为 false，则程序跳过语句块 1 内的语句直接执行语句块 2 的代码。通常称语句块 1 为条件的取真分支，语句块 2 为条件的取假分支。将示例 2-1 做更改后如示例 2-2 所示。

示例 2-2：

```
<script type="text/javascript">
<!--
var score ;                              //定义变量 score 代表分数
score = prompt("请输入成绩","");         //使用 Window 对象的 prompt()函数，弹出一个输入框
if (score >= 60)                         //判断分数是否>=60，返回 true 或 false
{
    alert("考试及格!");                  //如果分数>=60 为 true 则显示及格的消息
}

else
{
    alert("考试不及格！");                //如果分数<60 则显示不及格的消息
}
//-->
</script>
```

在该例中，如果输入 80 则结果与示例 2-1 的结果完全一样，如果输入 50 则显示如图 2-3 所示的对话框。

图 2-3

2.1.3 多重 if 语句

在 if 语句中，如果判断的条件多于一个，则可以使用多重 if 语句。语法如下：

```
if (条件表达式 1)
{
    语句块 1;
}
else if (条件表达式 2)
{
    语句块 2;
}
…
else if (条件表达式 n)
{
```

```
        语句块 n;
    }
    else
    {
        语句块 n+1;
    }
```

使用这种多重 if 语句可以进行更多的条件判断，不同的条件对应不同的程序语句。示例 2-3 演示根据用户输入的数字输出相应的提示信息。

示例 2-3：

```
<script type="text/javascript">
<!--
var score ;
score = prompt("请输入成绩","");
if (score >= 90)      //判断分数是否>=90，返回 true 或 false
{
    alert("你的成绩一级棒啊!");
}
    else if(score>=80 && score <90)
{
    alert("你的成绩优秀啊!");
}
else if(score>=70 && score <80)
{
    alert("你的成绩优良啊!");
}
else if(score>=60 && score <70)
{
    alert("你的成绩一般般啊!");
}
else{
    alert("你的成绩很差啊!");
}
//-->
</script>
```

如果输入 90，则弹出“你的成绩一级棒啊!”对话框；如果输入 60，则弹出“你的成绩一般般啊!”对话框。

在这里有两点需要注意，一个是“短路”的问题。JavaScript 与 Java 一样，把“&&”和“||”称为“短路与”和“短路或”。“短路与”是指一个条件表达式中有两个或以上子条件表达式时，如果第一个条件表达式的值是 false，JavaScript 的解释引擎将忽略第二个或以后的条件表达式的计算，整个条件表达式的值就为 false。我们常说，第一个条件表达式的值让后面的条件表达式“与”短路了。同样，“短路或”是指一个条件表达式中有两个或以上子条件表达式时，如果第一个条件表达式的值是 true，JavaScript 的解释引擎将忽

略第二个或以后的条件表达式的计算，整个条件表达式的值就为 true。我们常说，第一个表达式的值让后面的表达式“或”短路了。

另一个是多重 if 语句中的 else 匹配问题，在编程中称作 else 的悬挂问题。程序中规定，else 语句总是和它最近的 if 语句匹配。本例中的 else 与 if(score>=60 && score <70)匹配。故在多重 if 语句的使用中，一定要注意 else 的悬挂问题。看看下面的代码，按照 else 悬挂的原则，else 是和 if(j==k)匹配的，而不是和 if(i==j)这个条件匹配的。尽管在代码的排版上看起来是和 if(i==j)配对的。读别人写的程序时，如果代码写得不规范，会让人很费解，本例中的代码违背了上面说的“if 语句后面总跟着{}”的原则，尽管程序本身没有问题，也能得到正确的结果，但是代码的可读性很差，不推荐使用。其实这段代码的本意是如果 i==j，再判断 j==k 是不是成立，否则，什么也不做，下面是典型的简单的 if 语句的取真分支中再嵌套一个 if 分支语句。

```
<script type="text/javascript">
<!--
var i = j = 1;
var k = 2;
if (i = = j)
    if (j = = k)
        document.write("i 和 k 相等");
else
    document.write("i 和 j 不相等");
//-->
</script>
```

2.1.4 嵌套 if 语句

如果在 if 语句中再嵌入 if 语句就形成了嵌套的 if 语句。例如，下面的例子，三个整数来比较大小，最后输出最大的数，代码如示例 2-4 所示。

示例 2-4：

```
<script type="text/javascript">
<!--
var a = 10 ,b =8 ,c = 4 ;
if (a > b)
{
    else if(a > c)
    {
        alert("最大的数是 a!");
    }
    else
    {
        alert("最大的数是 c!");
    }
```

```
}
else
{
    if(b <c)
    {
        alert("最大的数是 c!");
    }
    else
    {
        alert("最大的数是 b!");
    }
}
//-->
</script>
```

2.1.5　switch 结构

switch结构用于将一个表达式的结果同各个选项进行比较，若找到匹配的选项，就执行匹配选项中的语句。如果没有匹配的选项，就直接执行默认选项中的语句。在Java语言中，switch结构中的表达式的值只能是char型、int型和byte型。在JavaScript中，除字符型和number型外，还可以是字符串类型。不管哪种类型，条件的取值和表达式的值的类型必须是一致的，否则，将有语法错误。语法如下：

```
switch (表达式)
{
  case 条件 1: 语句块 1;
                    break;
  case 条件 2: 语句块 2
                    break;
   ...
  case 条件 n: 语句块 n;
                    break;
  default: 语句块 n+1;
}
```

示例 2-5 说明了 switch 结构的典型用法。

示例 2-5：

```
<script type="text/javascript">
<!--
var grade ;                                  //定义变量 grade 代表学期号
grade= prompt("请输入学期号(1-3)：","");     //返回字符串类型
switch(grade)
{
  case "1":                                  //条件是字符串类型
```

```
        alert("本学期我们学习的课程有 HTML、Java 基础、SQL 基础！");
        break;
    case "2":
        alert("本学期我们学习的课程有 JS、J2SE、SQL 高级！");
        break;
    case "3":
        alert("本学期我们学习的课程有 Struts、Spring、Hibernate！");
        break;
    default:
        alert("你输入的学期号有误！");
}
//-->
</script>
```

switch结构中，case关键字后的条件只能是常量表达式，也就是一个具体的值。当代码运行到switch结构时，先计算表达式的值，然后在case条件列表中查找匹配的条件。如果找到匹配项，程序直接跳到匹配条件后的语句，并开始执行该语句，直到遇到break语句，就从switch结构中跳出去。如果在case条件列表中没有匹配的选项，则程序会选择default后面的语句。所以default语句并不是必需的，它用于匹配所有case值以外的值，相当于多重if结构中的最后一个else的功能。如果没有default选项，而此时又没有能够匹配的选项，则该程序在switch结构中什么也不做。

思考一下，如果去掉上例中的所有 break，结果会是什么？再思考一个问题，示例 2-3 中的多重 if 结构能不能改写成 switch-case 结构呢？显然，由于 case 关键字后面跟的是具体的值，示例 2-3 没有办法改写成 switch-case 结构。同样，示例 2-4 也不能改写成 switch-case 结构。那么示例 2-5 能不能改写成多重 if 语句呢？显然是可以的。从这个意义上讲，其实所有的 switch-case 结构都能改写成多重 if 结构，反过来则不一定可以。那么，何时使用 if 结构，何时又该使用 switch-case 呢？没有一定的规定，视具体情况而定。一般来说，在单值匹配时，switch-case 是首选的结构。

同时提醒大家注意，在 switch 结构中，自动类型转换将不会产生，因此上例中如果在 switch 结构中和整数进行比较判断，如将 case "1"改为 case 1 将会报错。

2.2 循环控制语句

我们知道，在程序中，循环的作用是重复地做某件事。JavaScript 中支持的循环语句有 4 种：while 循环、do-while 循环、for 循环和 for in 循环。本章讲前三种，后面的章节再讲 for in 循环。循环结构中，如果需要退出循环或跳过某些语句则还要用到 break 和 continue 语句。

2.2.1 while 循环

while 循环结构中先判断循环条件是否成立，如果成立，则重复执行{}内的语句块，直到条件不成立为止；如果条件不成立，则跳过{}内的语句块。示例 2-6 演示了 while 循环的用法，输出 2008 年福布斯全球富豪排行榜(前 5 位)。

示例 2-6：

```
<html>
<head>
<meta http-equiv="Content-Type" content="text/html; charset=gb2312" />
<title>while 语句</title>
</head>
<body>
2008 年福布斯全球 5 大富豪榜<br>
<script type="text/javascript">
<!--
var a=b=c=d=e=0;              //声明 5 个循环变量
while(a<=620){
  document.write("■");
  a+=20;                      //改变循环变量的值
}
document.write("      Warren Buffett:620 亿美元<br>");
while(b<=600){
  document.write("■");
  b+=20;
}
document.write("    Carlos Slim Helu:600 亿美元<br>");
while(c<=580){
  document.write("■");
  c+=20;
}
document.write("      William Gates:580 亿美元<br>");
while(d<=450){
  document.write("■");
  d+=20;
}
document.write("    Lakshmi Mittal:450 亿美元<br>");
while(e<=430){
  document.write("■");
  e+=20;
}
document.write("    Mukesh Ambani:430 亿美元<br>");
//-->
</script>
```

这段代码的结果如图 2-4 所示。

本例中使用了 5 个 while 循环，在每个循环中重复地输出符号“■”，通过循环条件来改变输出符号的个数，每输出符号一次，循环变量增加 20。

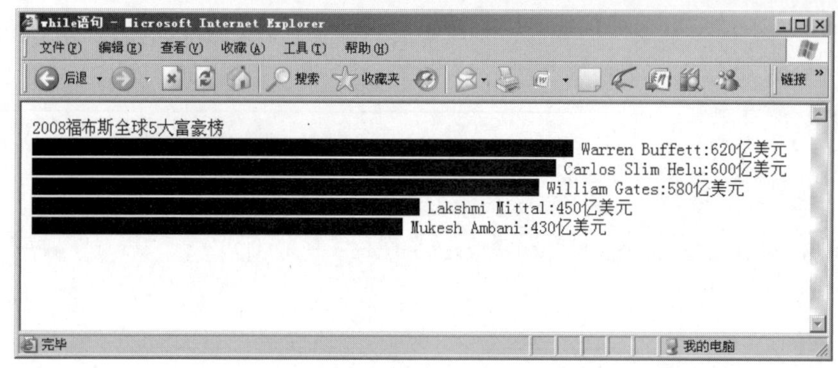

图　2-4

2.2.2　do-while 循环

do-while循环先执行语句块一次，然后才判断循环条件是否成立。如果成立，则继续重复执行语句块；如果条件不成立，则循环结束，如示例 2-7 所示。

示例 2-7：

```
<script type="text/javascript">
<!--
document.write("<p>请输入几个字母看一看效果：</p>");
do
{
   var character;
   character = prompt("请输入一个字母，输入 N 或 n 结束：","B");//输入对话框
   document.write("<span style=font-size:36px;font-family:Webdings;>"+character+"</span>");
}while(character!="n"&&character!="N");
//-->
</script>
```

这段代码循环地将用户输入的字母用 Webdings 字体显示，直到用户输入 N 或 n 停止。程序运行结果如图 2-5 所示。

图　2-5

2.2.3　for 循环

JavaScript 中最常用的循环语句是 for 循环。只要给定的条件为 true，for 循环就重复执行循环体内的语句块。示例 2-8 所示的代码打印出了 99 乘法表。

示例 2-8：

```
<html>
<head>
<meta http-equiv="Content-Type" content="text/html;
charset=gb2312">
<title>用 for 循环实现 99 乘法表</title>
</head>
<body>
<script type="text/javascript">
<!--
var col=1,row=1;                    //row 代表行号，col 代表列号
for(row=1;row<=9;row++)
{
  for(col=1;col<=row;col++)
  {
    document.write(row+"*"+col+"="+row*col+"  ");
  }
  document.write("<br>");          //每行结束换行
}
//-->
</script>
</body>
</html>
```

程序运行结果如图 2-6 所示。

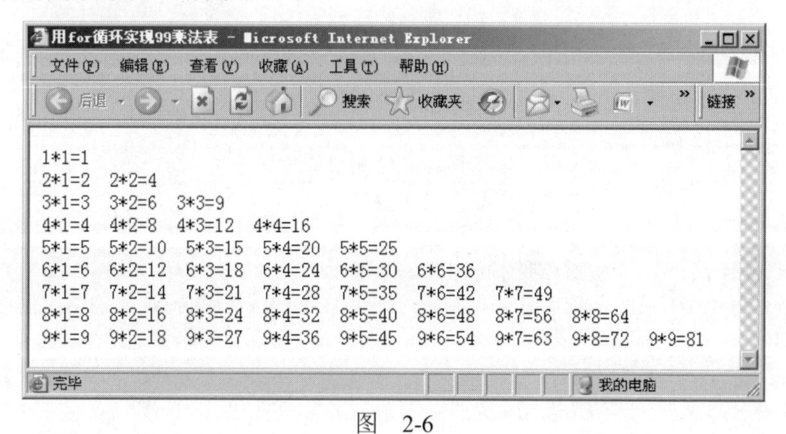

图　2-6

从上面例子可以看出，循环的三种形式中，程序需要做的事情只有 4 件，分别如下。

(1) 设置循环变量并给初值，如示例 2-8 中的 col 和 row。

(2) 判断循环条件是不是成立，如示例 2-8 中的 col<=9 和 row<=row。

(3) 如果循环条件成立，做要循环做的事情，如示例2-8中，内层循环要做的事情是打印“row+"*"+col+"="+row*col+" "”这个串的值，外层循环要做的事情是打印“
”。

(4) 最后的事情是改变循环条件，让程序有机会结束，如示例 2-8 中，col++和 row++都是改变循环条件。如果没有改变循环条件，则循环条件会一直成立。程序没有机会结束，就成为常说的“死循环”。

从上面的分析可以知道，三种循环其实质上都是一样的，只是形式有所不同。那么把示例 2-8 改写成 while 循环就是很简单的事情了，请大家试试看。不过，while 和 do-while 有个小区别，就是 do-while 循环是先做再判断，while 循环是先判断再做。这样，在条件不成立的情况下，do-while 循环会执行一次而 while 循环不会。

2.2.4 break 和 continue 语句

break 关键字在 switch-case 结构中使用过，意思是跳出 switch-case 结构，继续执行后面的语句。那么在循环结构中，break 语句的作用也是跳出循环结构，终止循环的执行。我们知道，循环中只有循环条件的值为 false 时，循环语句才能结束循环。如果想提前结束循环，可以在循环中增加 break 语句。另外，在循环体内增加 continue 语句，用于跳过本次循环中要执行的剩余语句，继续下一次循环，直到循环条件为 false。下面的示例用来体会 break 和 continue 的用法，示例 2-9 用于求前 10 个数的和。

示例 2-9：

```
<html>
<head>
<meta http-equiv="Content-Type" content="text/html;
charset=gb2312">
<title>求前 10 个数的和</title>
</head>
<body>
<script type="text/javascript">
<!--
var counter = 0;            //设置循环变量，并给初值 0
var sum = 0 ;               //存放和变量，给初值 0
  while(true){              //注意这里是死循环
  sum += counter ;          //循环要做的事情，累加
  if(counter == 10){        //使用 if 语句判断，如果加到 10，使用 break 语句结束循环
      break;
  }
  counter ++;               //改变循环条件，有机会让循环结束
}
document.write("前 10 个数的和是:"+sum); //输出累加的结果
//-->
</script>
```

```
</body>
</html>
```

示例 2-10 在网页上显示 100 以内的偶数。

示例 2-10：

```
<html>
<head>
<meta http-equiv="Content-Type" content="text/html;
charset=gb2312">
<title>输出 100 以内的偶数</title>
</head>
<body>
<script type="javascript">
<!--
var output="";                        //存放输出结果的字符串
var temp=0;                           //设置循环变量并给初值 0
while( temp<=100))
{
   temp++ ;
   if(temp%2==1)                      //条件为 true 说明是奇数
   {
      continue;                       //如果是奇数，后面的代码跳过，从下次循环开始
   }
   output = output + temp + " ";      //加上空格，输出时不会连接在一起
}
document.write(output);
//-->
</script>
</body>
</html>
```

基于示例 2-9 和示例 2-10 的例子，把两个功能整合到一起，如果求前 10 个偶数的和，是多少？思考下，代码如何写呢？如果把循环换成 for 循环，代码如何改动？

2.3　函数

函数是完成特定任务的语句块，当需要重复完成某种任务时，就应该把用到的语句组织成函数。这样在JavaScript程序的任意位置都可以通过引用其名称来执行任务。程序员可以在程序中建立很多函数，这样有利于组织自己的程序结构，使代码的维护更容易。除此之外，JavaScript还提供了许多功能强大的内置函数，可以在程序的任意位置使用这些函数。这里将学习创建并调用自定义函数和几个重要的内置函数。

2.3.1 自定义函数及调用

自定义函数需要使用 function 关键字。语法如下：

```
function 函数名( [参数列表] )
{
  程序语句
  …
  [ return 返回值; ]
}
```

函数的定义需要注意以下事项。

(1) 函数名区分大小写，且不能相同，更不能使用 JavaScript 的关键字。

(2) 在 function 关键字之前不能指定返回值的数据类型。

(3) 函数定义中[ ]是指可选的，也就是说，自定义的函数可以带参数，也可以不带参数。如果有参数，参数可以是变量、常量或表达式。自定义函数可以有返回值，也可以没有，如果省略了 return 语句，则函数返回 undefined。

(4) 函数必须放在<script></script>标签之间。

(5) 函数的定义最好放在网页的<head></head>部分。

(6) 定义函数时并不执行组成该函数的代码，只有调用函数时才执行代码。

示例 2-11 所示的代码演示了一个简单的自定义函数。

示例 2-11：

```
<html><head>
<title>无参数无返回值函数</title>
<script type="text/javascript">
<!--
function show()   //定义一个无参数、无返回值的函数
{
  alert("今天心情好好啊！");
}
//-->
</script>
</head>
<body>
  <p><input type="button" value="说我"   onclick="show()"></p>
</body>
</html>
```

该代码首先定义了一个 show()函数，该函数既无参数也无返回值。单击【说我】按钮时，程序会调用 show()函数，弹出一个提示对话框。

注意上例中的代码<input type="button" value="说我"onclick="show()">，其中的 onclick 表示【说我】按钮的单击事件，onclick="show()"表示当单击【说我】按钮时执行 show()函

数中的 JavaScript 代码。

注意调用函数时函数名和“( )”必须书写。如果函数有参数则所传的参数应该满足个数相等、类型相同和顺序正确这三个条件，如示例 2-12 所示。

示例 2-12：

```
<html>
<head>
<title>有参数有返回值函数</title>
<script language="javascript">
<!--
function sumbetween(num1,num2)        //该函数返回 num1 到 num2 之间所有整数之和
{
    var  total=0,temp;
  for(temp=num1; temp<=num2; temp++)
  {
          total += temp;
  }
    return  total;                    //函数返回值
}
//-->
</script></head>
<body><p>
  <script type="text/javascript">
  var  sum= 0 ;
sum = sumbetween(1,100);              //调用 sumbetween 函数
  document.write("1 至 100 之间所有整数的和为："+sum);
 </script></p>
</body>
</html>
```

上面的代码首先定义了一个函数 sumbetween()，该函数具有两个数字类型的参数且该函数返回第一个参数到第二个参数之间所有整数的和，然后在 body 部分调用了该函数并输出函数的结果。请注意函数参数的写法：不需要指定数据类型，也不需要 var 关键字。同时也不需要在 function 关键字之前指定函数的返回值类型。

2.3.2 理解参数

JavaScript 中函数的参数与大多数其他语言中函数的参数有所不同。JavaScript 中的函数不介意传递进来多少个参数，也不在乎传进来的参数的数据类型。也就是说，即便你定义的函数只接收两个参数，在调用这个函数时也未必一定要传递两个参数。可以传递一两个甚至不传递参数，而解析器永远不会有什么怨言。之所以会这样，原因是 JavaScript 中的参数在内部是用一个数组来表示的。函数接收到的始终都是这个数组，而不关心数组中包含哪些参数(如果有参数的话)。如果这个数组中不包含任何元素，无所谓；如果包含多个元素，也没有问题。实际上，在函数体内可以通过 arguments 来访问这个参数数组，从

而获取传递给函数的每一个参数。其实，arguments 对象只是与数组类似(它并不是 Array 的实例)，因为可以使用方括号语法访问它的每一个元素(即第一个元素是 arguments[0]，第二个元素是 arguments[1]，以此类推)，使用 length 属性来确定传递进来多少个参数，如示例 2-13 所示。

示例 2-13：

```
function sum(){                                      //定义一个没有参数的函数
  for(var i=0;i<arguments.length;i++){               //获取参数长度
    document.write(arguments[i]+",")
  }
}
sum("张三","12")                                      //调用函数
```

运行示例 2-13 的代码，结果如图 2-7 所示。

图　2-7

示例 2-13 没有定义参数，调用时传递了两个参数，在浏览器上的运行结果两个参数被打印了出来，也可以传递 1 个、3 个、4 个参数，传递多少个，就会打印出多少个，此类型参数为函数隐式参数。当然，也可以定义参数，如示例 2-14 所示。

示例 2-14：

```
function sum(name,age,sex){          //定义一个有参数的函数
    document.write(name+", "+age)
  }
sum("张三","12")                      //调用函数
```

运行示例 2-14 的代码，结果如图 2-8 所示。

在示例 2-14 中，运行的结果与示例 2-13 函数相同，示例 2-14 这个函数定义了两个参数(name 和 age)，此类型参数为显示参数。

根据上面两个例子可以得出：

(1) JavaScript 函数定义时显式参数没有指定数据类型。

(2) JavaScript 函数对隐式参数没有进行类型检测。

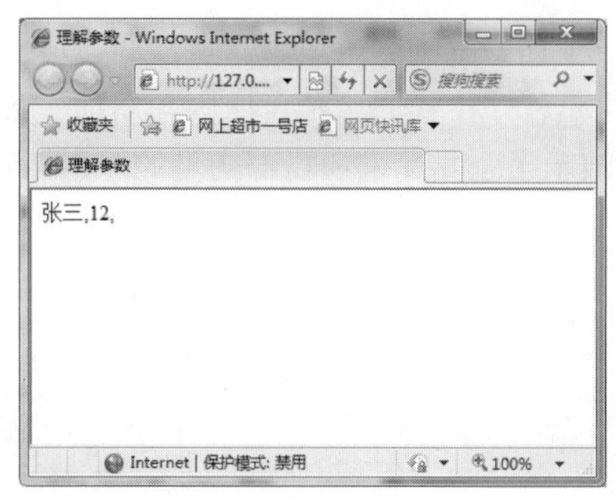

图　2-8

(3) JavaScript 函数对隐式参数的个数没有进行检测。

如果函数在调用时，未提供隐式参数，参数默认值为 undefined，如示例 2-15 所示。

示例 2-15：

```
function sum(name,age,sex){         //定义一个有三个参数的函数
    document.write(name+", "+age+"sex")
  }
sum("张三","12")                    //调用函数，没有给 sex 提供参数值
```

运行示例 2-15 的代码，结果如图 2-9 所示。

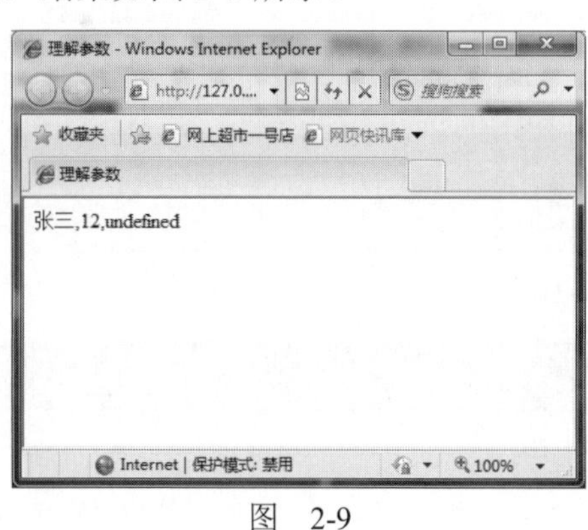

图　2-9

2.3.3　全局变量与局部变量

根据变量的作用范围，变量可分为全局变量和局部变量。

- 全局变量是指在<script></script>标签中声明的变量，独立于所有函数之外，作用范围是该变量声明后的所有语句，包括在其后定义的函数中的语句。
- 局部变量是在函数中声明的变量(函数的参数列表中的变量也是属于该函数的局部变量)，只有在该函数中且位于该变量声明之后的程序代码才可以使用这个变量。局部变量一定是属于某个函数，故对其后的其他函数和脚本代码来说都是不可见的(不能访问)。如果在其后的其他函数和脚本代码中声明了与这个局部变量同名的变量，则这两个变量没有任何关系。

如果在函数中声明了与全局变量同名的局部变量，则在该函数中使用的同名变量是局部变量而不是全局变量。这是程序中的同名覆盖原则，局部变量“屏蔽”了同名的全局变量。示例 2-16 所示的代码演示了全局变量和局部变量的差别。

示例 2-16：

```
<html>
<head>
<meta http-equiv="Content-Type" content="text/html; charset=gb2312" />
<title>全局变量和局部变量</title>
<script type= " text/javascript">
var   number=100,sum=100;                                  //声明两个全局变量
function changeValue()
{
   var   number = 10;                                      //声明和全局变量同名的局部变量 number
   document.write("number = "+number+"<br>");              //输出局部变量 number
   document.write("sum = "+sum+"<br>");                    //输出全局变量 sum
}
</script>
</head>
<body>
<script type="text/javascript">
   changeValue();                                          //调用函数
   document.write("<h2> number = "+number+"</h2>");  //输出全局变量 number
</script>
</body>
</html>
```

程序的运行结果如图 2-10 所示。

图　2-10

图 2-10 中第一行输出的“number＝10”是在函数中声明的局部变量 number 的值，最后一行以 h2 输出的是全局变量 number 的值。如果把示例 2-16 的代码做少许改动，去掉全局变量，在程序中使用局部变量，如示例 2-17 所示，结果会如何呢？

示例 2-17：

```
<html>
<head>
<meta http-equiv="Content-Type" content="text/html; charset=gb2312" />
<title>全局变量和局部变量</title>
```

```
<script type= " text/javascript">
var   sum=100;                                               //这里去掉了全局变量 number
function changeValue()
{
  var   number = 10;                                         //声明和全局变量同名的局部变量 number
  document.write("number = "+number+"<br>");                 //输出局部变量 number
  document.write("sum = "+sum+"<br>");                       //输出全局变量 sum
}
</script>
</head>
<body>
<script type="text/javascript">
  changeValue();                                             //调用函数
  document.write("<h2> number = "+number+"</h2>"); //输出全局变量 number
</script>
</body>
</html>
```

运行示例 2-17 代码，结果如图 2-11 所示，没有显示 2 级标题，会报错误消息，如图 2-12 所示。

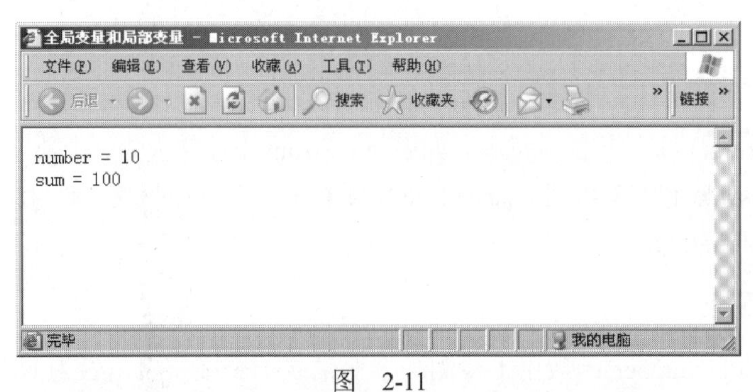

图　2-11

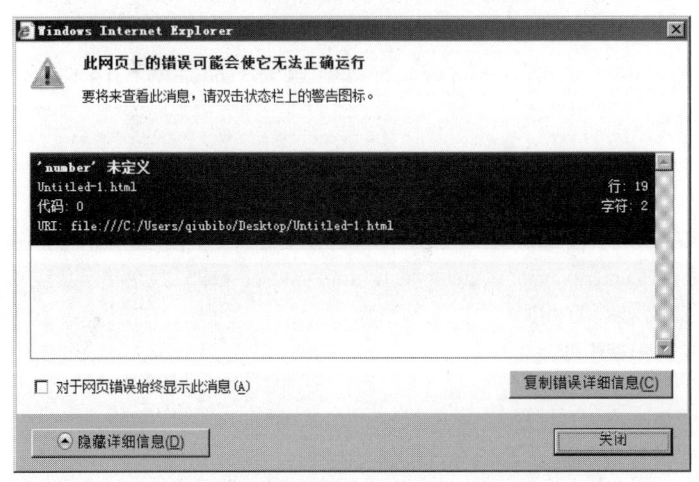

图　2-12

2.3.4 内置函数

本节将介绍常用的几个内置函数，这些函数也称为内部方法，程序可以直接调用这些函数来完成某些功能。

1. parseInt()函数

parseInt()函数将一个字符串按指定的进制转换为一个整数。语法格式如下(其中“[]”中的内容为可选项)：

```
parseInt(numString , [radix] )
```

第一个参数numString为要进行转换的字符串，第二个参数radix是可选的，用于指定转换后的整数的进制，默认是十进制。如果numString不能转换为一个数字，该函数将返回NaN。例如，parseInt("123")、parseInt("123.45")和parseInt("123ab")都将返回数字 123，parseInt("ab")和parseInt("ab123")都将返回NaN。

2. parseFloat()函数

parseFloat()函数将一个字符串转换为对应的浮点数。语法格式如下：

```
parseFloat(numString)
```

参数 numString 为要转换的字符串。如果 numString 不能转换为一个数字，该函数将返回 NaN。例如，parseFloat("123.45")和 parseFloat("123.45ab")都将返回数字 123.45，parseFloat("ab")和 parseFloat("ab123.45")都将返回 NaN。

3. isNaN()函数

isNaN(is Not a Number)函数用于检测一个变量或一个字符串是否为 NaN。如果是，则返回 true；如果不是，则返回 false。例如，isNaN(parseInt("ab"))将返回 true，isNaN("12")将返回 false。

下面使用内置函数来实现一个简单的加法计算器，如示例 2-18 所示。

示例 2-18：

```
<html>
<head>
<meta http-equiv="Content-Type" content="text/html; charset=gb2312" />
<title>内置函数实现求和</title>
<script type="text/javascript">
<!--
function sum()
{
   var resultValue , firstValue ,secondValue;              //声明 3 个变量，不给初值
   firstValue = document.myform.first.value ;              //把第一个文本框的值赋给 firstValue
```

```
    secondValue = document.myform.second.value;          //把第二个文本框的值赋给 secondValue
    resultValue = firstValue + secondValue ;              //相加运算
    document.myform.result.value = resultValue ;          //把值赋给结果文本框
}
//-->
</script>
</head>
<body style="font-size:12px;">
<form name="myform">
加数：<input type="text" name="first" size=6>
被加数：<input type="text" name="second" size=6>
<input type="button" onclick="sum()" value="求和"> 
<input type="text" name="result" size=6>
</form>
</body>
</html>
```

在上面的代码中，document.myform.first.value得到first文本框对象的内容，document.myform.second.value得到second文本框对象的内容，"document.myform.result.value = document.myform.first.value + document .myform.second.value"是将加数与被加数求和，然后将和赋给result文本框对象的值，显示出来。

运行上面的代码，输入 1 和 2 将会得到如图 2-13 所示的结果。

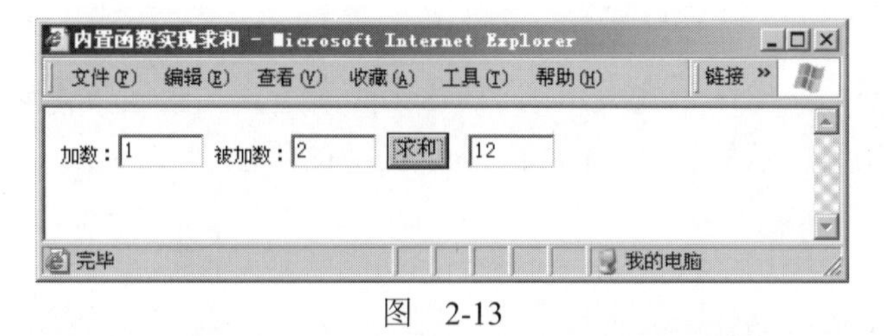

图　2-13

很显然这不是想要的结果。为什么会出现这种情况呢？从单元一了解到：如果“+”运算符两边的操作数有一个是字符串，则“+”运算符的功能就是连接字符串而不是进行加法运算。所以在进行加法运算前必须要将加数和被加数转换为数字类型。除此之外，还必须处理在文本框中输入了数字外的其他字符不能转换为数字的情况。改进后的sum()函数如示例 2-19 所示。

示例 2-19：

```
function sum()
{
    var resultValue , firstValue ,secondValue;  //声明 3 个变量，不给初值
    firstValue = document.myform.first.value ;
    secondValue = document.myform.second.value;
    if(isNaN(firstValue))
    {
        alert(firstValue+"不是一个数字！");
```

```
        return; /*注意，这里使用了 return 语句，表示程序走到这里就返回了，下面的语句不被执行了。
        思考下，去掉 return，会怎样呢？*/
    }
    if(isNaN(secondValue))
    {
        alert(secondValue+"不是一个数字！");
        return;
    }
    var num1=parseFloat(firstValue);
    var num2=parseFloat(secondValue);
        resultValue = num1 + num2 ;
    document.myform.result.value = resultValue;
}
```

首先，分别得到两个文本框的值，分别判断值是不是数字，如果不是数字，提示用户输入不是数字。否则，将文本框内容转换成数字，执行加法运算，最后，把结果赋给结果文本框来显示。

4. eval()函数

eval()函数将一个字符串作为一段 JavaScript 表达式执行，并返回执行的结果。语法格式如下：

```
eval(express )
```

参数 express 是用字符串形式表示的 JavaScript 表达式，该函数将返回 JavaScript 解析器执行 express 的结果。示例 2-20 演示了 eval()函数的用法。

示例 2-20：

```
<html>
<head>
<meta http-equiv="Content-Type" content="text/html; charset=gb2312" />
<title>eval()函数的用法</title>
<script type="text/javascript">
<!--
function calc()
{
    var express = document.form1.express.value ;    //取文本框的值
    var re = eval(express);
    document.form1.result.value = re;
}
//-->
</script>
</head>
<body style="font-size:12px;">
<form name="form1">
表达式：<input type="text" name="express" size="20" />
```

```
<input type="button" onclick="calc()" value="结果为：" />
<input type="text" name="result" size="10" />
</form>
</body>
</html>
```

运行上面的代码，结果如图 2-14 所示。

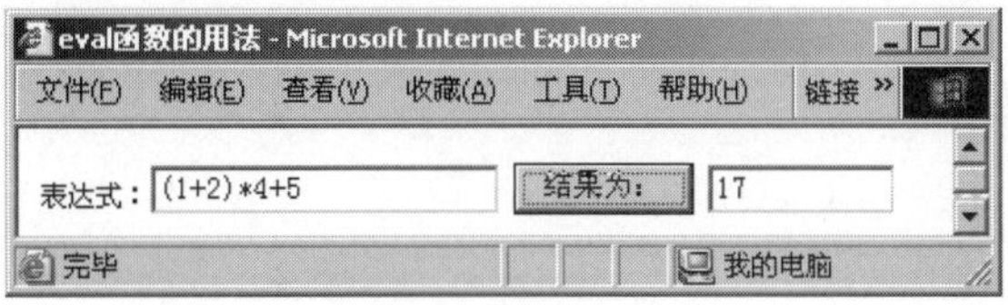

图 2-14

注意

如果文本框包含在表单中，则获取该文本框的内容应该使用 document.表单名.文本框名.value，而不能使用文本框名.value；如果文本框没有包含在表单中，则获取该文本框的内容应该使用文本框名.value，而不能使用 document.文本框名.value。

【单元小结】

- if 结构和 switch 结构用于根据条件选择执行不同的语句块。
- while、do-while 和 for 结构用于循环执行一段代码。
- break 用于退出循环代码，continue 用于跳过本次循环尚未执行完的代码，立即开始下一次的循环。
- 内置函数实现特定的功能，可以在脚本的任意位置调用。
- 自定义函数可以根据需要自定义，通常在表单元素的事件中调用。

【单元自测】

1. parseInt ("15.6a")的结果是(　　)。

   A. NaN　　B. 15.6　　C. 15　　D. 16

2. (　　)变量在函数外声明，并可在脚本的任意位置访问。

   A. 局部变量　　B. 全局变量

   C. 使用 var 关键字声明的变量　　D. 使用 new 关键字得到的对象变量

3. 运行 alert(eval("11.5"+1))所弹出的消息框的内容是(　　)。

   A. 12.5　　B. 12.6　　C. 11.6　　D. 11.51

4. 下列关于自定义函数的说法正确的是(　　)。
   A. 函数必须有返回值　　B. 必须指定函数参数的数据类型
   C. 必须指定函数的返回值类型　　D. 以上都不正确
5. 下列不是 JavaScript 提供的循环结构的是(　　)。
   A. while　　B. do-while　　C. switch　　D. for

【上机实战】

上机目标

- 使用流程控制结构
- 使用内置函数和自定义函数

上机练习

◆ 第一阶段 ◆

练习 1：制作简单计算器

【问题描述】

编写一个简单计算器，在文本框中输入两个数，完成“+”“-”“*”“/”运算，如图 2-15 所示。

图　2-15

【问题分析】

针对该问题，应该这样去思考：

(1) 先从两个文本框中取值，由于取到的值是 string 类型的，需要把这两个值强制转换成 number 类型。

(2) 完成+、-、*、/运算，最后把结果显示在文本框中。

(3) 由于有 4 个按钮，按理应该写 4 个函数，当某个按钮按下时分别调用与之相关的函数。这样，会发现很多代码是重复的。能不能使用一个函数，通过传入参数来完成呢？

答案是可以的，这也正是有参函数的魅力所在。所以，需要写一个函数用来分别根据运算符来完成相应的计算并把结果显示在文本框中。把“+”“-”“*”“/”作为实参赋给该函数形参。

【参考步骤】

(1) 新建一个 HTML 网页，将网页标题设为“计算器”。

(2) 为了对齐，在网页中插入一个 3 行 3 列的表格，并将表格的最后一行合并单元格。

(3) 将相关的文字、文本框和按钮插入表格(不需要插入表单)。

(4) 切换到代码视图，在<head></head>部分添加代码并保存文件为 calc.htm。完整代码如示例 2-21 所示。

示例 2-21：

```
<html>
<head>
<meta http-equiv="Content-Type" content="text/html; charset=gb2312" />
<title>计算器</title>
<script type="text/javascript">
<!--
function calc(sign)
{
var firstValue=document.calcform.first.value;
var secondValue=document.calcform.second.value;
var resultValue ; //结果
//在这里默认用户输入都是数字，不做验证，直接转换成数字
var num1 = parseFloat(firstValue);
var num2    = parseFloat(secondValue);
   if(sign=="+")
   {
       resultValue =num1 + num2 ;
   }
   if(sign=="-")
   {
     resultValue =num1 - num2 ;
   }
   if(sign=="*")
   {
     resultValue =num1 * num2 ;
   }
   if(sign=="/")
   {
     resultValue =num1 / num2 ;
      /*实际上在做除法运算时，要判断除数是不是为零，如果是，提示除数不能为零，否则结果
      显示 Infinity(无穷大)*/
   }
      document.calcform.result.value = resultValue ;
```

```
}
// -->
</script>
</head>
<body>
<form name="calcform">
<table width="388" height="80" border="0">
  <tr><td width="127">第一个数</td>
    <td width="131">第二个数</td>
    <td width="116">结果</td></tr>
  <tr><td><input type="text" name="first" size="12" /></td>
    <td><input type="text" name="second" size="12" /></td>
    <td><input type="text" name="result" size="14" /></td></tr>
  <tr><td colspan="3">运算类型：
    <input type="button" value="+" onclick="calc('+')" />
    <input type="button" value="-" onclick="calc('-')"   />
    <input type="button" value="*" onclick="calc('*')"   />
    <input type="button" value="/" onclick="calc('/')"   />
  </td></tr>
</table></form>
</body></html>
```

(5) 按 F12 键浏览，输入数据计算，查看结果。

练习 2：使用 switch 结构改进上述计算器并具有数据验证功能

【问题描述】

改进简单计算器的功能，能实现对文本框中输入的数据做校验。例如，文本框中输入“abc”等不能转换为数字的数据时，给出相应的提示信息。同时，使用 switch 结构改写上面的 if 结构。

【问题分析】

要实现数据验证，则必须使用 isNaN()函数对文本框的值做验证，如果该函数返回 true，则说明数据不能转换为数字，此时输出提示信息，函数返回。将 4 个 if 语句改为一个 switch 结构，需要判断的就是函数的参数。

【参考步骤】

(1) 复制 calc.htm 文件，将复制后的文件重命名为 calc2.htm。

(2) 用 Dreamweaver 打开 calc2.htm，切换到代码视图并修改代码。calc2.htm 的代码片段如示例 2-22 所示。

示例 2-22：

```
function calc(sign)
{
  var firstValue=document.calcform.first.value;
  var secondValue=document.calcform.second.value;
```

```
    var resultValue ; //结果
    if(isNaN(firstValue))
    {
      alert("第一个数不合法！");
      return;
    }
    if(isNaN(secondValue))
    {
      alert("第二个数不合法！");
      return;
    }
    var num1 = parseFloat(firstValue);
    var num2   = parseFloat(secondValue);
    switch(sign)
    {
      case "+":
        resultValue =num1+num2;
        break;
      case "-":
        resultValue =num1- num2;
        break;
      case "*":
        resultValue =num1* num2;
        break;
      case "/":
         if(num2 == 0 )
        {
                    alert("除数不能为零");
                    return ;
               }
              else
              {
                    resultValue =num1   /   num2;
              }
        break;
    }
      document.calcform.result.value = resultValue;
}
```

(3) 按 F12 键浏览，输入数据计算。

◆ 第二阶段 ◆

练习 3：使用 eval 函数改进上述计算器

【问题描述】

在本章的理论部分学习了 eval()函数，该函数可以把一个字符串作为一段 JavaScript 代码执行。要求使用 eval()函数代替 switch 结构实现简单计算器功能。

练习 4：用“█”打印数字“2”或“8”字形图案

【问题描述】

在页面中使用“█”打印数字“2”或“8”字形图案。模拟电子广告牌的数码管显示，使用 6×9 的矩阵来显示，如图 2-16 所示。

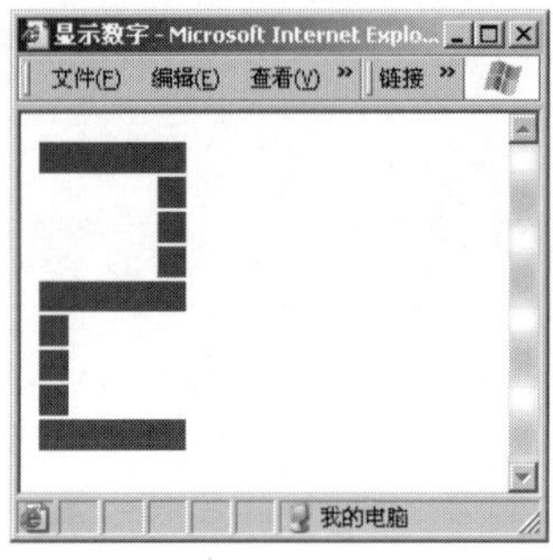

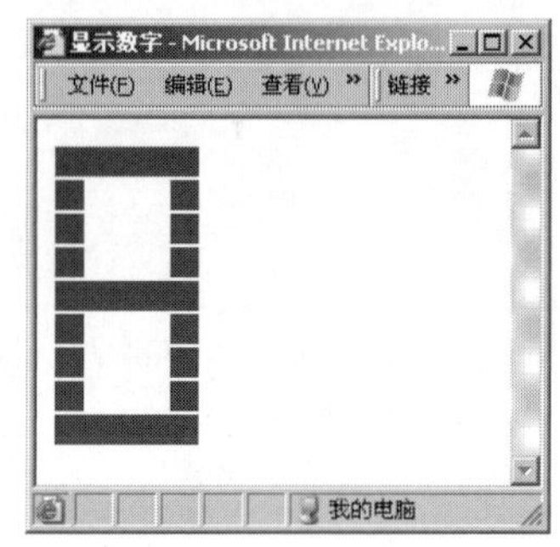

图 2-16

【问题分析】

要显示的数字，实际上是一个二维点阵，需要显示的地方打印“█”，不需要显示的地方打印空白，则必须使用两重循环来完成。外层循环完成点阵要打印的行数，内层循环完成要打印的列数，使用 if 语句来完成打印控制。

从图 2-16 中可以看到，行与行之间有小的间隙，让数字的显示不完美。要解决这个问题，可以使用<table>标签，显示一个 6 行 9 列的表格，让表格中要显示数字笔画的单元格填充某种颜色，不显示数字笔画的单元格显示白色，同时让表格的 cellspacing、cellpadding、border 属性值都设为 0。使用<td>的 bgcolor 属性来控制颜色，使用 width 和 height 属性来控制数字的大小。

【拓展作业】

(1) 写一段程序，计算 1~100 之间所有是 3 的倍数的整数之和。

(2) 写一段程序，使用 prompt()函数接收一个 0~6 之间的整数，输出对应的星期。例如，输入 1 则输出“星期一”。

(3) 写一段程序，使用 document.write()方法和循环结构将 99 乘法表显示在一个表格中。

(4) 编写一个函数 factorial()，该函数实现计算某个数的阶乘，页面如图 2-17 所示。单击【计算】按钮调用该函数。

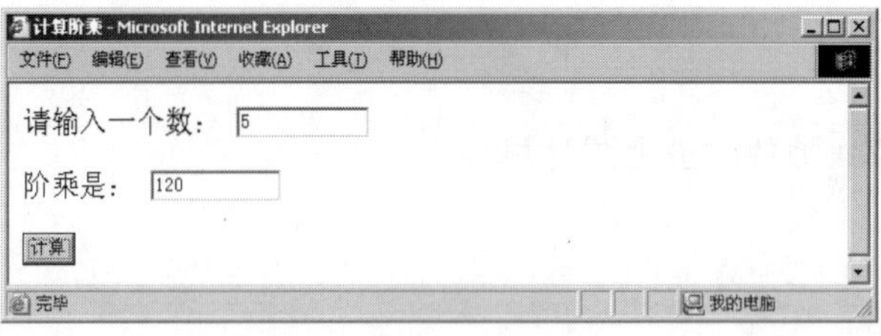

图 2-17

单元三

面向对象程序开发

课程目标

- 理解 JavaScript 中的对象
- 如何创建并使用对象
- 理解构造器函数

简 介

在学习本单元之前，我们首先要了解一下“对象”的具体含义。所谓对象，实质上是指“事物”(包括人和物)在程序设计语言中的表现形式，这里的“事物”可以是任何东西，例如对于学生这种常见对象来说，我们知道有很多明显的特征(如性别、姓名、班级等)，而且能执行某些动作(如吃饭、睡觉、走路等)。在OOP(Object Oriented Programming，面向对象编程)中，这些特征就是对象的属性。

3.1 JavaScript中的对象

与面向对象的Java语言相比，对象在JavaScript中显得比较弱，但是，JavaScript的对象比Java要灵活。我们知道，在Java语言中，有类的概念，类是一种复合数据类型，可使用类来构造Java对象。类是无序的属性和方法的集合。一个方法就是一个函数，是对象的成员。属性是一个值或一组值，是对象的成员。JavaScript把对象定义为：“无序属性的集合，其属性可以包含基本值、对象或者函数。”严格来讲，这就相当于说对象是一组没有特定顺序的值。对象的每个属性或方法都有一个名字，而每个名字都映射到一个值。正因为这样，我们可以把JavaScript的对象想象成散列表：无非就是一组名值对，其中值可以是数据或函数。

3.1.1 对象的理解

我们知道数组，就是一组值的列表，该表中的每一个值都有自己的索引值，索引序列从0开始，依次递增。例如：

```
var myArr=["one","two","three","four","five"];
```

事实上，对象与数组很相似，唯一的区别是它的键值类型是自定义的，如name、age等。下面，通过一个简单示例看看对象是由哪几部分组成。就以前面所提到的学生为一个对象，学生有性别、姓名、吃饭、睡觉等特征(属性)。

```
var student={
    name:"张三",
    age:18,
    eat:function(){
    return 我是吃饭的方法"
    }
    sleep:function(){
        return "我是睡觉的方法"}
}
```

如上所示：

(1) 有一个名称为 student 的对象。

(2) 数组用中括号[]，对象用{}。

(3) 括号中用逗号分隔组成对象的元素(即属性和方法)。

(4) 属性和属性值，方法和方法名用冒号隔开(即键值对，key：value)。

所以对象中应该包含属性和方法。

事实上，上面例子还可以写成以下形式，属性方法名加引号：

```
var student={
"name":"张三",
"age":18,
"eat":function(){
  return "我是吃饭的方法"
  },
  "sleep":function(){
    return "我是睡觉的方法"}
}
```

3.1.2　对象的属性和方法

我们说数组中包含的是元素，而说起对象时，会说其中包含的是属性。实际上对于 JavaScript 来说，它们并没有本质的不同，只是表达习惯有所不同。这也就是区别于其他程序设计语言的地方。

另外，对象的属性也可以是一个函数，因为函数本身也是一种数据，在这种情况下，我们会称该属性为方法。例如：

```
var student={                                    //创建对象
  "name":"张三",
  "age":18,
  "eat":function(){                              //方法
    return "我是吃饭的方法"
  },
  "sleep":function(){                            //方法
    return "我是睡觉的方法"}
}
```

3.1.3　访问对象属性

通常情况下，我们可以通过以下两种方式来访问对象的属性。

(1) 中括号表示法，如 student["name"]。

(2) 点号表示法，如 student.name。

相对而言，点号表示法更易于读写，但也不是总能适用的。其中的规则与属性命名原则相同，即如果我们所访问的属性没有一个合法的名字，它就不能通过点号表示法来访问。

如示例 3-1 所示。

示例 3-1：

```
var    hero={
   "user name":"Lina",
     "age":20
}
```

下面我们用点号表示法来访问属性：

```
alert(hero.user name);
```

结果如图 3-1 所示，报了一个错误。

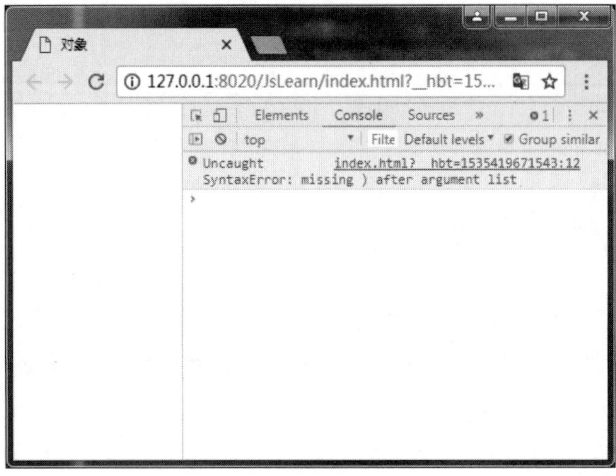

图 3-1

再用中括号表示法来访问属性：

```
alert(hero.['user name']);
```

结果如图 3-2 所示，访问成功。

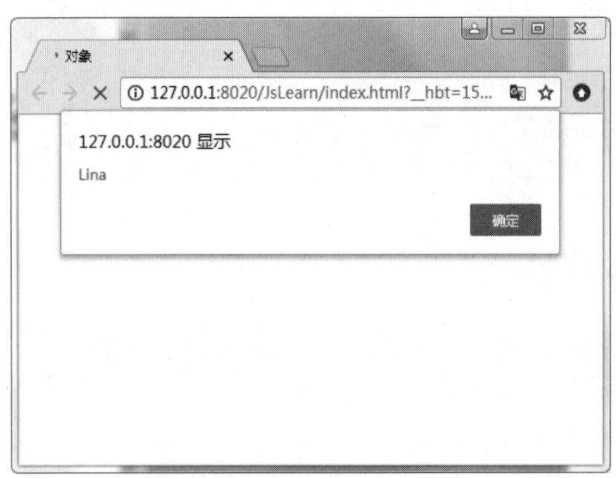

图 3-2

因此可以得到：当属性名不规范时，可以采用中括号表示法来访问属性，但是此方法不推荐，尽量命名规范。

如果我们访问的属性不存在，代码就会返回 undefined，如图 3-3 所示。

```
hero.address
```

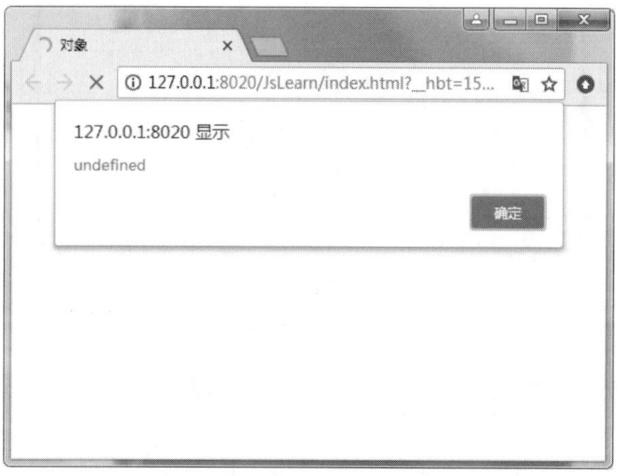

图　3-3

另外，由于对象可以包含任何数据类型，自然也可以包含其他对象，如示例 3-2 所示。

示例 3-2：

```
var books={
  name:"JavaScript 程序开发",
  published:"2018",
  author:{
    firstname:"张三",
    secondname:"李四"
  }
}

alert(books.author.firstname)
```

在这里，如果我们想访问 book 对象中的 author 对象的 firstname，就需要这样，结果如图 3-4 所示。

```
alert(books.author.firstname)
```

当然，也可以用中括号表示法，例如：

```
books.["author"].["firstname"];
```

甚至也可以混合使用这两种表示法，例如：

```
books.author.["firstname"];
books.["author"].firstname;
```

得到结果与图 3-4 所示一样。

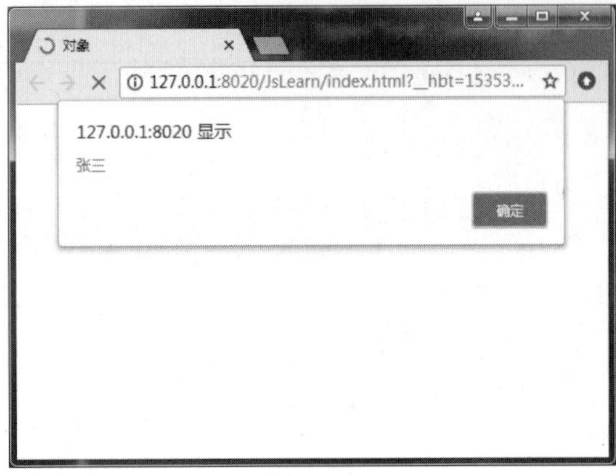

图 3-4

3.1.4 调用对象方法

由于对象方法实际上只是一个函数类型属性，因此它们的访问方式与属性完全相同，即用点号表示法或中括号表示法，而其调用方式也与普通函数相同，在指定的方法名后加一对括号即可。如示例 3-3 所示的 say()方法。

示例 3-3：

```
var books={
  name:"JavaScript 程序开发",
  published:"2018",
  say:function(){
     return "hello 程序员！"
  }
}
alert(books.say())
```

我们调用 books 对象内的 say()方法如图 3-5 所示。

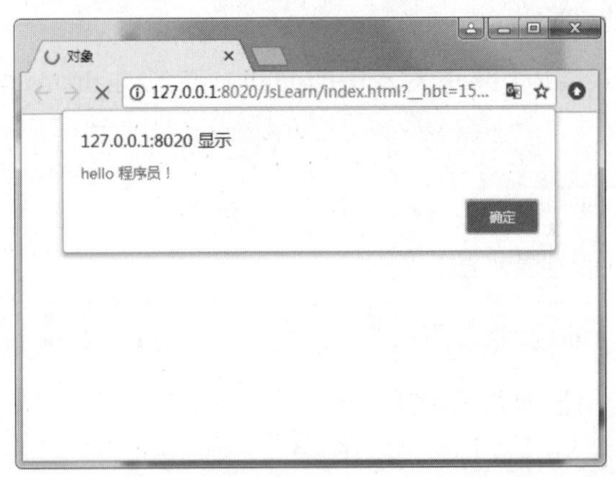

图 3-5

在前面的章节中，使用alert()方法来显示一个对话框和使用document.write()方法来打印一行文本。前者，alert()实际上是Window对象的方法，只是省略了Window，严格的写法是window.alert()。write()是document对象的方法。所以前面的代码中，实际上在不知不觉中使用了对象的方法。

3.1.5　修改属性与方法

由于JavaScript是一种动态语言，所以它允许我们随时对现存对象的属性和方法进行修改，下面我们创建一个对象，为其添加、删除、修改属性，如示例 3-4 所示。

示例 3-4：

```
var obj ={                                          //定义一个对象
        username:"ziksang",
        addr:"北京",
        say:function(){
            return "我的名字叫 "+this.username    //此处的 this 是指向 obj 对象
        }
    }
```

(1) 添加属性。在 obj 对象中，已经定义了 username、addr 属性和 say()方法，下面我们为这个对象添加一个 age 属性并访问。

```
obj.age=20;
  alert(obj.age)
```

结果如图 3-6 所示，访问成功，说明添加属性成功。

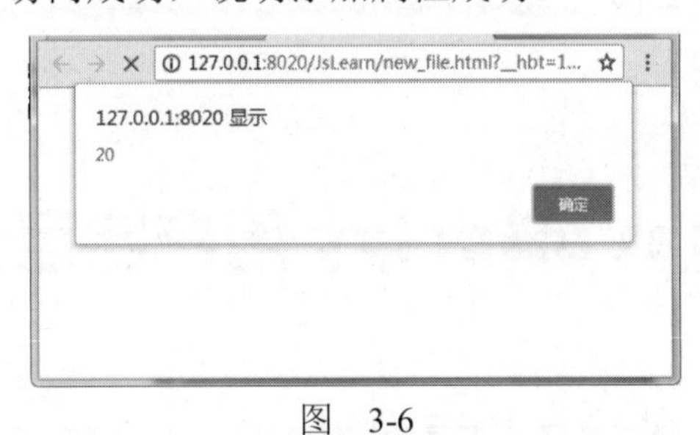

图　3-6

(2) 删除属性。先访问 addr 属性。

```
alert( obj.addr)
```

如图 3-7 所示，可以看到，obj 对象的 addr 属性是存在的，接下来我们删除这个属性，删除后再次访问。

```
  delete obj.addr;
alert( obj.addr)
```

可以看到当我们把 addr 属性删除后，再访问时返回 undefind，表示属性已经不存在了，删除成功，如图 3-8 所示。

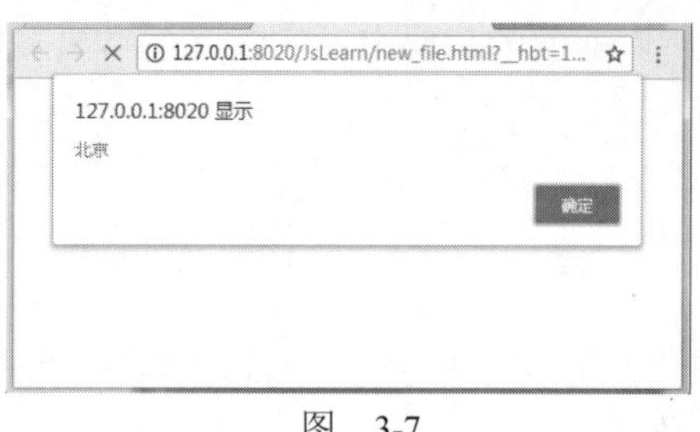

图 3-7

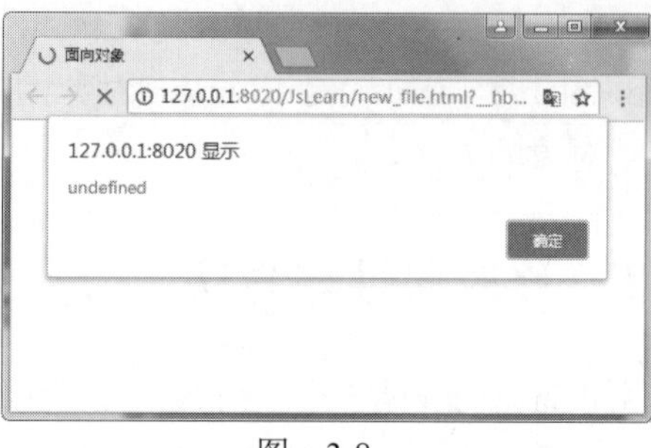

图 3-8

(3) 修改属性。在之前我们给 obj 对象添加了 age 属性，赋值为 20，那么现在修改它的属性值，改成 30，代码如下。

```
    obj.age=30;
alert(obj.age)
```

运行结果如图 3-9 所示。

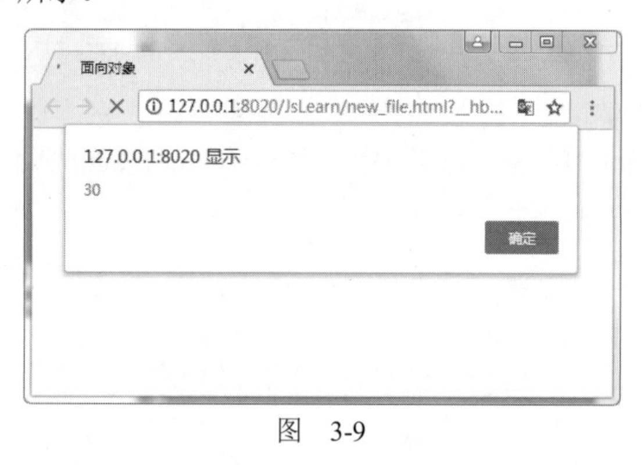

图 3-9

3.2 JavaScript 用户自定义对象

3.2.1 使用 Object 关键字构造对象

在 JavaScript 中，可以使用 Object 关键字来构造一个对象，并可以动态地给对象添加属性和方法。示例 3-5 所示的代码构造一个汽车对象和使用这个对象。

示例 3-5：

```
<html>
<head>
<meta http-equiv="Content-Type" content="text/html; charset=gb2312" />
<title>自定义的对象的使用</title>
```

```
</head>
<body>
<script type="text/javascript">
<!--
var car = new Object();//使用 new 关键字构造一个对象
car.name ="奔驰 600";//给 car 对象添加属性
car.color = "黑色";
car.pailiang =2.0;
car.run = canRun;   //添加 canRun()方法
function canRun()
{
  document.write("<br>最高时速 250 千米");
}
//或者使用下面的方式给 car 对象添加方法
//car.run=function{ document.write ("<br>最高时速 250 千米");}
 //使用 car 对象的属性
 document.write("这是一辆"+car.name+"，颜色是"+car.color+"，排量是"+car.pailiang);
 //调用 car 对象的方法
car.run();
//-->
</script>
</body>
</html>
```

运行结果如图 3-10 所示。

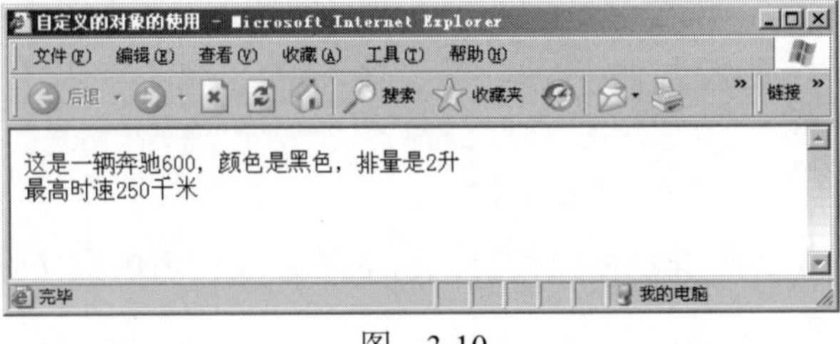

图　3-10

3.2.2　构造器函数

在 JavaScript 中，还可以使用 function 关键字来构造一个自定义的对象类型。如示例 3-6 所示。

示例 3-6：

```
<html>
<head>
<meta http-equiv="Content-Type" content="text/html; charset=gb2312" />
<title>自定义的对象的使用</title>
<script type="text/javascript">
```

```
<! --
function   Car(name,color,pailiang)
{
this.name= name;                //声明 name 属性
this.color = color ;            //声明颜色属性
this.pailiang = pailiang ;      //声明排量属性
this.run = canRun;              //给 car 对象添加方法
//或者采用下面的方式给 car 对象添加方法
//this.run = function(){document.write("<br>最高时速 250 千米");}
}
}
function canRun()
{
  document.write("<br>最高时速 250 千米");
}
// -->
</script>
</head>
<body>
<script type="text/javascript">
<!--
var car = new Car("奔驰 600","黑色",2.0);  //构造 car 对象
document.write("这是一辆"+car.name+"，颜色是"+car.color+"，排量是"+car.pailiang+"升");
car.run(); //调用对象的方法
//-->
</script>
</body>
</html>
```

运行上面的代码，结果也如图 3-10 所示。

要构造新实例，必须使用 new 操作符。以这种方式构造函数实际上会经历以下 4 个步骤。

(1) 创建一个新对象。

(2) 将构造函数的作用域赋给新对象(因此，this 就指向了这个新对象)。

(3) 执行构造函数中的代码(为这个新对象添加属性)。

(4) 返回新对象。

从上面代码可以看出，函数名首字母为大写，在前面章节中我们学了函数，函数也是 function+函数名，为了区分与其他普通函数的区别，这里我们将构造器函数的函数名首字母大写。在对象内，this 指向该对象。

【单元小结】

- 理解 JavaScript 对象。
- 掌握 JavaScript 中对象的创建和使用。

- 理解构造器函数。

【单元自测】

1. 下面代码对象能获取到 name 属性的是(　　)。

```
var stu={
  name:"jack",
  age:15
}
```

A. stu.["name"]　　B. stu.name　　C. window.name　　D. window.["name"]

2. 构造器函数用到的关键字是(　　)。

A. Object　　B. function　　C. new　　D. window

3. 创建一个 pen 对象，下面能访问 obj 对象"pen color"属性的是(　　)。

```
var pen={
  "pen color":"jack",
  "type":"钢笔"
}
```

A. pen.["pen color"]　　B. pen.pen color

C. window .["pen color"]　　D. window.pen color

4. 观察下面的代码，最后输出结果为(　　)。

```
function Foo() {
  getName = function() {
    console.log(1);
    };
    return this;
  }
  Foo.getName = function() {
    console.log(2);
  };
  var getName = function() {
    console.log(3);
  };
  Foo.getName();
  getName();
  Foo().getName();
  new Foo.getName();
```

A. 2、3、1、1　　B. 1、1、2、3

C. 1、2、3、2　　D. 2、1、3、1

【上机实战】

上机目标

- 掌握对象的创建
- 掌握对象的使用

上机练习

◆ 第一阶段 ◆

练习 1：创建铅笔对象 Pencil

【问题描述】

使用构造器函数创建铅笔对象，铅笔对象中有厂家名称、笔芯颜色等属性，笔芯颜色和厂家可以随时改变。

【问题分析】

本练习主要是练习对象的属性和方法，带参数的构造方法的使用，以及如何通过对象访问属性和方法。

【参考步骤】

(1) 使用 function 关键字创建 Pencil 对象。

(2) 实例化对象，并传参。

```
function Pencil(color,manufacturer){
   this.color = color;
   this.manufacturer=function(){
      return '厂家是:'+manufacturer;
   }
}
//定义蓝色的铅笔
var bluePen=new Pencil("blue","香港");
document.write("我是一只"+bluePen.color+"铅笔"+","+bluePen.manufacturer()+"<br>")
//定义红色铅笔
var redpen=new Pencil("red","湖北");
document.write("我是一只"+redpen.color+"铅笔"+","+redpen.manufacturer()+"<br>")
```

运行代码，结果如图 3-11 所示。

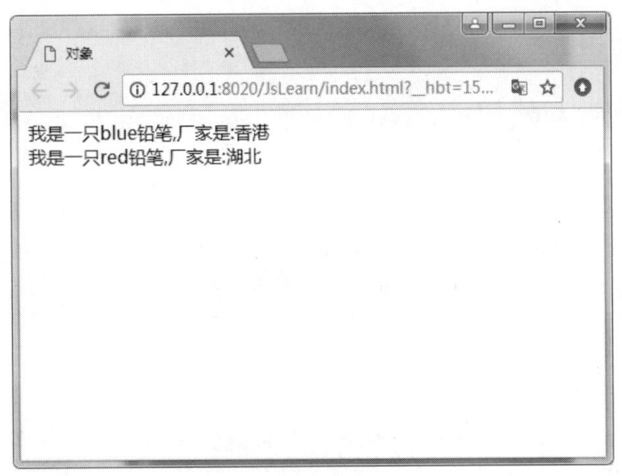

图　3-11

◆ 第二阶段 ◆

练习 2：设计人类，并完成自我介绍的功能

【问题描述】

编写人类代码，指出人类都有哪些常见特征、行为，并通过产生对象来调用这些属性和行为。

【问题分析】

列举人类属性及行为，在测试类中生成人类对象，调用人类方法即可。

【参考步骤】

(1) 创建人类对象：Person。

(2) 添加属性和方法。

(3) 实例化对象并亲切传入参数。

```
/**人类
* @param {Object} person
*/
function Person(person){
    var that=this;
    if(person){
        if(person.name){
            that.name = person.name;
        }
        if(person.hair){
            that.hair=person.hair;
        }
        if(person.age){
            that.age=person.age;
```

```
            }
            if(person.head){
                that.head=person.head;
            }
        }
    }
    var Person=new Person({name:"jack",head:"big head",age:20,hair:"short hair"});
    document.write("my name is "+Person.name+",I am "+Person.age+"years old,"+"I have "+Person.head+
","+Person.hair)
```

运行，结果如图 3-12 所示。

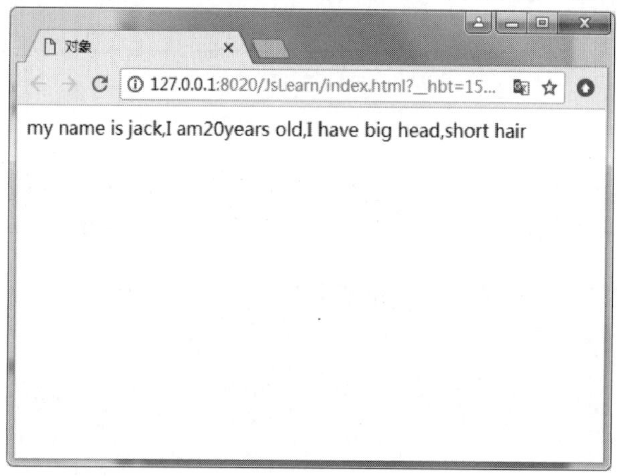

图 3-12

练习 3：计算立体盒子体积

【问题描述】

定义一个盒子对象 Box，指定盒子的长宽高后，输出该盒子的体积。

【问题分析】

盒子的体积为长乘以宽乘以高，所以对于一个盒子来说，长宽高是最基本的三个属性。另外，为了得到体积，我们还需要定义一个体积属性(volumn)，该属性的值由盒子对象的求体积方法(getVolumn)得到，该方法对长宽高做出乘积，把结果赋值给体积属性。

当然，我们也可以不定义 volumn 属性，而采取让 getVolumn 方法返回体积结果给调用者的做法。

【参考步骤】

(1) 创建 Box 对象。

(2) 定义 width、height、depth 属性，定义 volumn 属性。

(3) 定义 getVolumn()方法，计算体积。

(4) 实例化 Box 对象，调用 getVolumn()方法，输出体积。

练习 4：计算圆柱体体积

【问题描述】

修改练习 1 中的 Box，重写 getVolumn()方法，使其能够计算圆柱体的体积。

【问题分析】

圆柱体的体积为 π×半径平方×高，所以 getVolumn()方法只需要接收两个参数即可。

【参考步骤】

对 Box 对象添加一个 getVolumn()方法，计算圆柱体体积，返回结果。

【拓展作业】

声明一个 Compare 对象，有三个参数 num1、num2、num3，使用构造方法对这几个变量赋值，再写 3 个方法：max()、min()、avg()，分别用来求 3 个变量的最大值、最小值、平均值。调用这 3 个方法，显示相应的结果。

单元 四

JavaScript 常用对象

▶ 理解 JavaScript 中的 Data 对象

▶ 理解 JavaScript 中的 Array 对象

简 介

JavaScript 中常见的内置对象有 String 对象、Math 对象、Date 对象、Array 对象等。其实，JavaScript 中的基本数据类型也有相应的对象，如 Number 对象、Boolean 对象等。下面来看一下常见对象的方法和属性。

4.1 字符串对象的常用属性和方法

在 JavaScript 中，String 对象是使用最多的对象，如“One World，One Dream”“Mickey Mouse”“北京欢迎你！”等。可以使用下面的方法创建一个字符串对象：var str = "我的名字是费尔普斯"、var str1 =new String("中国真的很伟大")。

字符串有一个非常有用的、也是唯一的 length 属性，用来保存字符串的长度。如示例 4-1 所示的代码片段，下面的字符串的长度各是多少？

示例 4-1：

```
<html>
<head>
<meta http-equiv="Content-Type" content="text/html; charset=gb2312" />
<title>字符串长度</title>
<script type="text/javascript">
<!--
  var str0 = "Hello World!";
  var str1 = "   Hello World!";   //前面有 2 个空格
  var str2 = "Hello World!   ";   //后面有两个空格
  var str4 = "你好，世界!";        //，是全角的!是半角的
  document.write("4 个字符串的长度分别是："+str0.length+","+str1.length+","+
    str2.length+","+str4.length);
//-->
</script>
</head>
<body>
</body>
</html>
```

运行结果如图 4-1 所示。

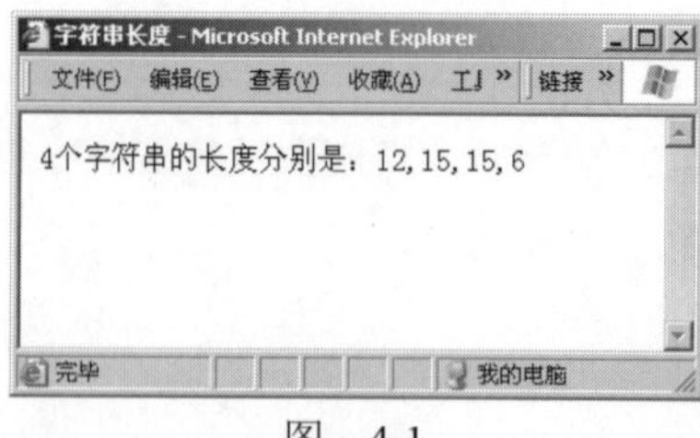

图 4-1

与在 Java 中学习过的 String 类一样，JavaScript 中的字符串对象有很多方法。表 4-1 列出了常用的方法。

表 4-1　常用的方法

方法名(参数列表)	方法的返回值
charAt(num)	返回参数 num 指定索引位置处的字符
charCodeAt(num)	返回参数 num 指定索引位置处字符的 Unicode 值
indexOf(string[,num])	返回参数 string 在字符串中首次出现的位置
lastIndexOf(string[,num])	返回参数 string 在字符串中最后出现的位置
substring(index1[,index2])	如果指定了 index1 和 index2，返回在字符串中 index1 和 index2 之间的值
substr(num1[,num2])	如果指定了两个参数 num1 和 num2，返回字符串中从 num1 开始，长度为 num2 的字符串
split(regexpression,num)	根据参数传入的正则表达式或者分隔符来分隔调用此方法的字符串

1. indexOf()方法

indexOf("子字符串")方法返回一个整数值，表示String字符串对象内第一次出现子字符串的位置(索引值)。如果没有包含要查找的子字符串，则返回-1。通常联合使用字符串的length属性和indexOf()方法来实现表单验证。下面的例子要求检查用户名不能空、用户密码不能少于 6 位，邮箱地址中一定含有“@”符号。

表单验证效果如图 4-2 所示。

图　4-2

实现代码如示例 4-2 所示。

示例 4-2：

```
<!DOCTYPE html>
<html lang="en">
    <head>
```

```
        <meta charset="UTF-8">
        <title>匿名函数</title>
    <script type="text/javascript">
    function check()                                        //定义一个方法
    {
        var uname   = document.myform.name.value;           //获取用户名的值
        if (uname.length ==0)                               //判断用户名的长度是否为 0
        {
            alert("请输入用户名");         //如果是，则弹出提示，并返回 false，即函数不继续执行
            return false   ;
        }
        var upwd = document.myform.pwd.value;               //获取用户名密码的值
        if (upwd.length< 6)                                 //判断用户名的长度是否小于 6 位
        {
            alert("密码不能少于 6 位");                      //如果小于 6 为，则给出提示，返回 false
            return   false ;
        }
        var uemail = document.myform.email.value;           //获取用户名邮箱的值
        if (uemail.indexOf("@") == -1)                      //判断邮箱的值是否含有@符号
        {
            alert("邮箱地址必须包含@符号");                  //若是没有含@符号，则给出提示，并返回 false
            return false;
        }
            if(uemail.indexOf("@") > uemail.indexOf(".")) //判断@符号在.前面
            {
                alert("@符号必须在.号前面!");
            return false;
}
        return true ;
    }
</script>
</head>
<body>
<form name="myform" method="post" action="" onSubmit="return check()">
    <table width="306" border="0" align="center">
        <tr>
            <td width="101">用户名：</td>
            <td><input name="name" type="text"></td>
        </tr>
        <tr>
            <td width="101">密码：</td>
            <td ><input type="password" name="pwd"></td>
        </tr>
        <tr>
            <td width="101">邮箱：</td>
            <td ><input type="text" name="email"></td>
        </tr>
```

```
            <tr>
                <td colspan="2" align="center">
                    <input type="submit" value="提交">
                </td>
            </tr>
        </table>
    </form>
    </script>
        </body>
    </html>
```

2. charAt()方法

charAt()方法从字符串对象中返回单个字符，使用时通常会设置一个起始位置的参数，然后返回位于该位置的字符值。如果不给出参数，系统默认字符串起始的位置为0。如示例4-3所示的代码片段，返回值都是什么？

示例 4-3：

```
<script type="text/javascript">
    var str = "hello world";
        var str1 = "同一个世界，同一个梦想!";
        console.log(str.charAt()) ; //不给参数，系统默认是 0，返回"h"
        console.log(str.charAt(2)) ; // 返回第一个"l"
        console.log(str1.charAt()) ; // 返回"同"字
console.log(str1.charAt(5)) ; // 返回"，"符号
</script>
```

3. 字符串截取的常用方法

常用的字符串截取函数有 slice()、substr()、substring()，如示例 4-4 所示。

示例 4-4：

```
<script type="text/javascript">
    var str = "hello world";
    alert(str.substr(0,5));        //从第 1 个字符开始，取长度为 5 的字串，结果为"hello"
    alert(str.substring(2,5));     //从第 3 个字符开始，到第 5 个字符，结果为"llo"
    alert(str.slice(2,-2));        //显示结果为"llo wor"
</script>
```

slice()和substring()都接受两个参数，作为截取子字符串的起始和结束前一个位置。它们的区别是slice()可以使用负数作为参数，-1 表示最后一个字符。注意：字符串的索引是从 0 开始，而不是从 1 开始。

substr()也接受两个参数，第一个作为起始位置，第二个作为截取长度。

还有一个比较特别的字符串分割函数 split()，可以选择分隔符，返回一个字符串数组，将在单元五中讲解其用法。

示例4-5所示的代码片段将使用字符串截取方法来实现对用户名的验证。要求用户名中的字符只允许是数字、字母和下画线，类似于变量名的命名规则。要实现这个功能，可以首先通过length属性得到用户名的长度，然后循环遍历其中的每个字符，分三种情况加以比较。

示例4-5：

```
function checkName()
{
    var str = document.form1.name.value;      //取得用户名的值
    var len = str.length;                     //取得字符串的长度
    for (var i = 0; i < len; i++)
    {
        var ch = str.substr(i,1);
        if (ch >= '0' && ch <= '9' || ch >= 'a' && ch <= 'z' || ch >= 'A' && ch <= 'Z' || ch == '_')
          continue;
    else
    {
      alert("含有非法字符");
      return false;
    }
  }
  return true ;
}
```

加入上面这个函数之后就可以实现这个校验功能了，利用字符串之间的ASCII码值的不同进行比较。在单元五中将学习正则表达式，会有更简洁的方法实现上述功能。

4.2 Math对象的常用属性和方法

Math是一个内部对象，提供基本的数学函数和常数。表4-2和表4-3列出了Math对象的属性和方法。

表4-2 Math对象的属性

属性	说明
LN10	返回10的自然对数
LN2	返回2的自然对数
LOG10E	返回以10为底e(自然对数的底)的对数
LOG2E	返回以2为底e(自然对数的底)的对数
PI	返回圆的周长与其直径的比值，约等于3.141 592 653 589 793
SQRT1_2	返回0.5的平方根，或说2的平方根分之一
SQRT2	返回2的平方根

表 4-3　Math 对象的方法

方法	说明
ceil(num)	返回大于等于其数字参数的最小整数
floor(num)	返回小于等于其数值参数的最大整数
max(num1,num2)	返回给出的零个或多个数值表达式中较大者
min(num1,num2)	返回给出的零个或多个数值表达式中较小者
pow (base, exponent)	返回底表达式的指定次幂
random()	返回介于 0 和 1 之间的伪随机数
round(num)	返回与给出的数值表达式最接近的整数

代码片段如示例 4-6 所示。

示例 4-6：

```
<script type="text/javascript">
<!--
var r = prompt("请输入圆的半径","");
var s = r * r * Math.PI;
alert("圆的面积为" + s);
//-->
</script>
```

运行结果如图 4-3 所示。

图　4-3

注意

Math 对象不需要使用 new 运算符。

常使用 Math 对象的 random()方法来产生随机数，取值范围是[0,1)，因此要使它在我们所希望的取值范围内变化，需要做相应的调整。下面使用这个方法来实现模拟掷骰子。我们常说，掷骰子，掷出 1 和 6 的概率是相等的，各是 1/6，下面的示例 4-7 让计算机模拟掷骰子 100 000 次，分别计算 1~6 出现的次数。

示例 4-7：

```
<html>
<head>
<meta http-equiv="Content-Type" content="text/html; charset=gb2312" />
<title>模拟掷骰子</title>
</head>
<body>
```

```
<script type="text/javascript">
<!--
 var one = two = three = four = five =six = 0 ;
 var shu = 0 ;
 for(var i = 0 ; i < 100000 ; i ++)
 {
     shu =   Math.floor(Math.random()*6)+1; //把数变成大于 1 的数
     switch(shu){
     case 1 :one ++;break;
     case 2 :two ++;break;
     case 3 :three ++;break;
     case 4 :four ++;break;
     case 5 :five ++; break;
     case 6 :six ++;break;
   }
 }
 document.write("点数 1:"+one+"次，占"+one/100000 +"<br>");
 document.write("点数 2:"+two+"次，占"+two/100000 +"<br>");
 document.write("点数 3:"+three+"次，占"+three/100000+"<br>");
 document.write("点数 4:"+four+"次，占"+four/100000 +"<br>");
 document.write("点数 5:"+five+"次，占"+five/100000 +"<br>");
 document.write("点数 6:"+six+"次，占"+six/100000 +"<br>");
//-->
</script>
</body>
</html>
```

运行上面的代码，结果如图 4-4 所示。

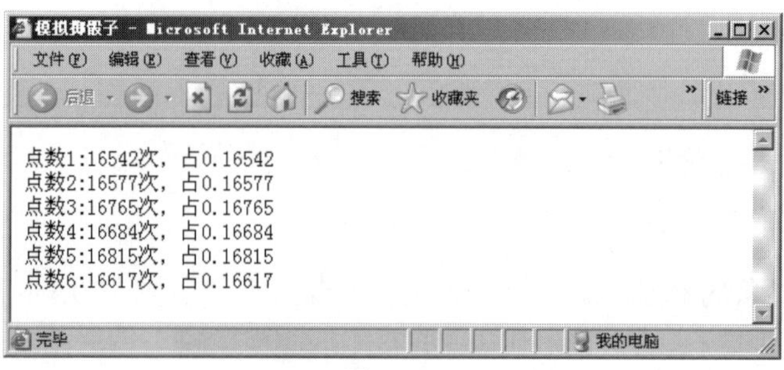

图 4-4

4.3 Date 对象的常用属性和方法

Date 对象包含日期和时间的相关信息。Date 对象没有任何属性，它只具有很多用于设置和获取日期时间的方法。

创建日期对象的语法如下：

```
var now = new Date();//获得当前的日期对象
```

```
var now = new Date(dateVal) ;
var now =new Date(year, month, date[, hours[, minutes[, seconds[,ms]]]]);
```

构造自定义日期对象参数说明如表 4-4 所示。

表 4-4　构造自定义日期对象参数说明

参数	参数说明
now	必选项。要赋值为 Date 对象的变量名
dateVal	必选项。如果是数字值，dateVal 表示指定日期从 1970 年 1 月 1 日 0 时 0 分经过的毫秒数。如果是字符串，则 dateVal 按照 parse 方法中的规则进行解析
year	必选项。完整的年份，如 1976(而不是 76)
month	必选项。表示月份，是从 0 到 11 之间的整数(1 月至 12 月)
date	必选项。表示日期，是从 1 到 31 之间的整数
hours	可选项。如果提供了 minutes，则必须给出。表示小时，是从 0 到 23 的整数(午夜到 11pm)
minutes	可选项。如果提供了 seconds，则必须给出。表示分钟，是从 0 到 59 的整数
seconds	可选项。如果提供了 milliseconds，则必须给出。表示秒钟，是从 0 到 59 的整数
ms	可选项。表示毫秒，是从 0 到 999 的整数

Date 对象常用的方法如表 4-5 所示。

表 4-5　Date 对象常用的方法

方法	说明
getDate()	返回 Date 对象中月份中的天数，其值介于 1 至 31 之间
getDay()	返回 Date 对象中的星期几，其值介于 0 至 6 之间
getHours()	返回 Date 对象中的小时数，其值介于 0 至 23 之间
getMinutes()	返回 Date 对象中的分钟数，其值介于 0 至 59 之间
getSeconds()	返回 Date 对象中的秒数，其值介于 0 至 59 之间
getMonth()	返回 Date 对象中的月份，其值介于 0 至 11 之间
getFullYear()	返回 Date 对象中的年份，其值为四位数
getTime()	返回自某一时刻(1970 年 1 月 1 日)以来的毫秒数

下面利用 Date 对象，一步步实现并完善一个走动时钟的效果，如示例 4-8 所示。

示例 4-8：

```
<html>
<head>
<meta http-equiv="Content-Type" content="text/html; charset=gb2312" />
<title>显示当前时间</title>
</head>
<body>
<script type="text/javascript">
  var time = new Date();
 document.write("现在时间是:"+time+"<br>");
 document.write("现在时间是:"+time.toLocalString()); //按操作系统的区域显示时间
</script>
```

```
</body>
</html>
```

上面的代码显示结果如图 4-5 所示。

图 4-5

下面进一步修改，仅提取所需要的部分：年、月、日和星期，如示例 4-9 所示。

示例 4-9：

```
<script language="javascript">
var time = new Date();
var year = time.getYear();          //获取年份
var month = time.getMonth();        //获取月份
var date = time.getDate();          //获取日期
var day = time.getDay();            //获取星期
document.write("今天是" + year + "年" + month + "月" + date + "日星期" + day);
</script>
```

输出结果如图 4-6 所示，和图 4-5 比较，发现月份变成了 7。

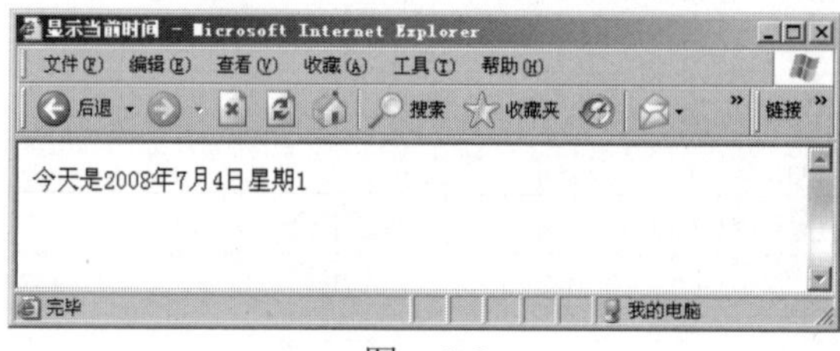

图 4-6

因为月份的取值范围是 0~11，所以通常还应该再加上 1，对于星期，由于取值范围是 0~6，那么也要加以改变，同时使之符合中文的习惯。修改后的代码如示例 4-10 所示。

示例 4-10：

```
<script type="text/javascript">
var week = new Array("日", "一", "二", "三", "四", "五","六"); //定义一个转换数组
var time = new Date();
var year = time.getYear();          //获取年份
var month = time.getMonth()+1;      //获取月份
var date = time.getDate();          //获取日期
var day = time.getDay();            //获取星期
document.write("今天是" + year + "年" + month + "月" + date + "日星期" + week[day]);
</script>
```

现在得到了比较完美的效果，如图 4-7 所示。

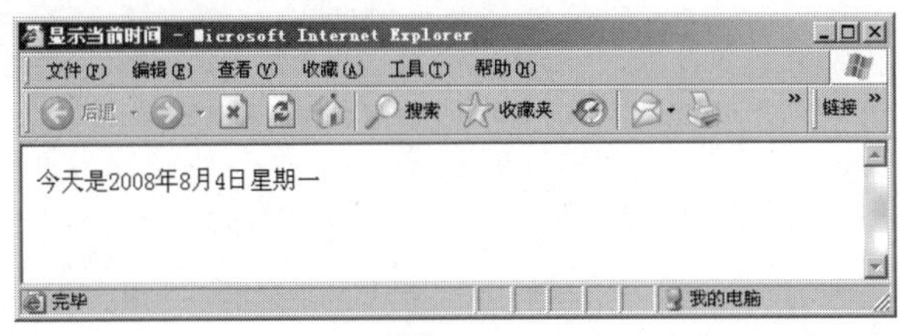

图　4-7

接下来看一看另一个需要注意的问题。假如想继续完善效果，做一个判断，产生分时问候的效果，同时，如果时分秒小于 10，前面自动补 0，代码如示例 4-11 所示。

示例 4-11：

```
<script type="text/javascript">
<!--
var time = new Date();
var hour = time.getHours();
var minute = time.getMinutes();
var second = time.getSeconds();
var welcomeStr = "";
if (hour > 0 && hour < 12 )
{
  welcomeStr = "早上好";
}
else
{
  welcomeStr = "下午好";
}
hour = hour>10?hour:("0"+hour);
minute= minute >10 ?minute :("0"+minute);   //三元运算符，判断 minute 是否大于 10，如果大于 10，
     minute=minute，反之，minute="0"+minute;
second = second >10 ?second :("0"+second);   //三元运算符，判断 second 是否大于 10，如果大于 10，
     second = second，反之，second ="0"+ second;
document.write("现在是" +hour + "时" +minute+ "分" +second+ "秒");
document.write("<br>" + welcomeStr);
</script>
```

运行结果如图 4-8 所示。

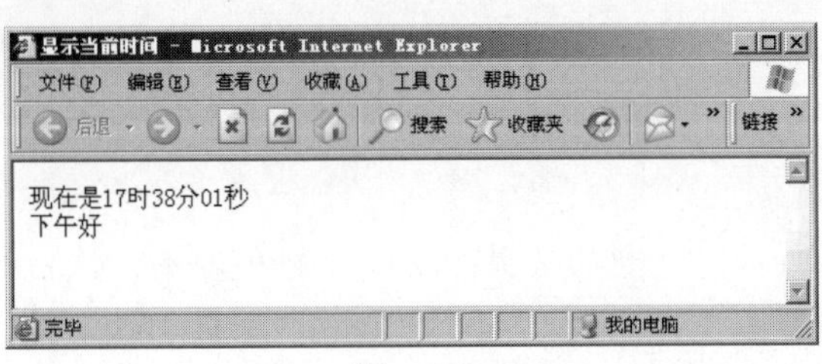

图　4-8

在前面的章节中，已经多次见到了 document.write()方法，这里做个小结。document.write()方法很常用，因为它可以改变页面的内容，实现动态的效果。但是使用这个方法也有很多要注意的地方，例如：在 JavaScript 中打印一个换行不能使用“\n”，因为输出的对象是 HTML 页面，在那里多于一个的空白字符被忽略了，看不到任何效果，所以采用的方法是加入在 HTML 页面中有换行效果的标签，如
等产生换行的效果。而且，在使用字符串连接符时，一定要注意区分开变量和常量。后面还会看到，当 document.write()和定时器函数混用时就会出现问题，所以在使用这个方法时一定要小心。

下面想办法来完成时钟，结合前面HTML的知识让时间动起来。只需要使用<meta>标签，让它每隔 1s刷新一次页面。完整的代码如示例 4-12 所示。

示例 4-12：

```
<html>
<head>
<meta charset="UTF-8" />
<meta http-equiv="refresh" content="1">
<title>显示当前时间</title>
</head>
<body>
<script type="text/javascript">
var time = new Date();
var hour = time.getHours();
var minute = time.getMinutes();
var second = time.getSeconds();
var welcomeStr = "";
if (hour > 0 && hour < 12 )
{
  welcomeStr = "早上好";
}
else
{
  welcomeStr = "下午好";
}
hour = hour>10?hour:("0"+hour);
minute   = minute >10 ?minute :("0"+minute);
second = second >10 ?second :("0"+second) ;
document.write("现在是" +hour + "时" +minute+ "分" +second+ "秒");
document.write("<br>" + welcomeStr);
</script>
</body>
</html>
```

显示效果如图 4-8 所示，不同的是页面每隔 1 秒就刷新一次，时间上的秒会变。由于不停地刷新页面，状态栏不停地闪动，感觉不太好，那么实际上是如何实现时钟走动效果的呢？这里要使用 Window 的定时器方法——setTimeout()方法。

setTimeout()方法语法如下：

```
setTimeout("调用函数",定时时间)      //时间的单位是毫秒
```

这个函数只是在时间到期后调用指定的函数一次，如果要实现反复的调用就要用到递归的调用方法，也就是自己调用自己。利用 setTimeout()函数来进一步修改上面的代码，实现代码片段如示例 4-13 所示。

示例 4-13：

```
<script type="text/javascript">
function clock()
{
   var time = new Date();
   var hour = time.getHours();
   var minute = time.getMinutes();
   var second = time.getSeconds();
      hour = hour>10?hour:("0"+hour);
      minute   = minute >10 ?minute :("0"+minute);
      second = second >10 ?second :("0"+second) ;
   document.write("现在是" + hour + "时" + minute + "分" + second + "秒");
      setTimeout("clock()",1000);          //1000 毫秒后调用 clock()函数
}
clock();                                   //调用 clock()函数
</script>
```

运行上面的代码，开始的时候能正确显示当前时间，接下来当 clock()函数第二次被调用时，页面出现了错误，如图 4-9 所示。

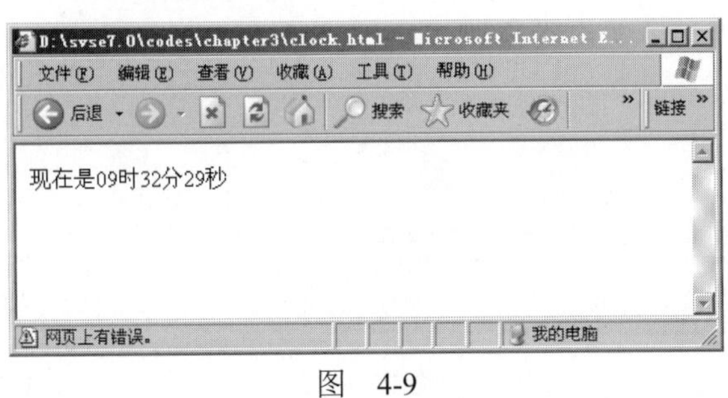

图　4-9

当页面产生错误时，双击页面的状态栏，会弹出错误信息的对话框。单击【显示详细信息】按钮，就得到错误的详细信息，如图 4-10 所示。

我们看到，产生错误的原因是缺少对象，为什么呢？我们有必要重新认识 document.write()方法。document.write()方法的作用是清空文档，由于 JavaScript 是解释执行，当第一次清空了全部的文档内容之后，所有的代码都没有了，只剩下一句字符串。程序将无法再次调用 clock()函数。在 IE 浏览器中，查看“源文件”，如图 4-11 所示。

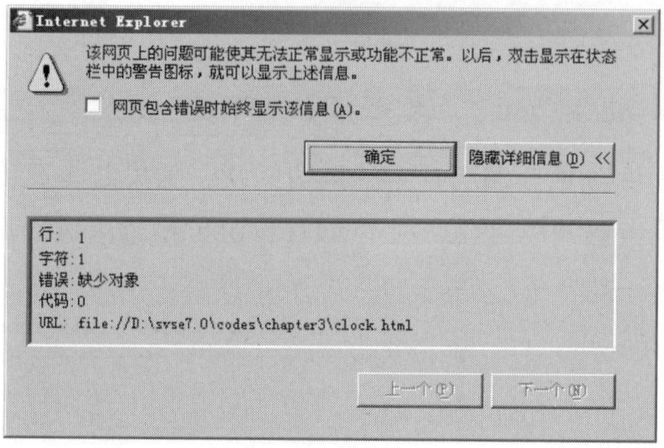

图 4-10

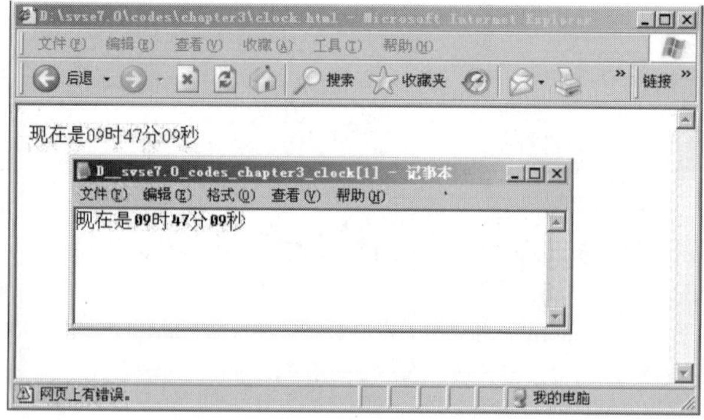

图 4-11

因此，应该想办法改变网页文档的部分内容，而不是全部。后面的章节学习 DOM 文档对象模型之后将会有更好的解决办法，在这里使用给表单的文本框赋值的方法，结合样式表就可以解决上面的问题。完整代码如示例 4-14 所示。

示例 4-14：

```
<html>
<head>
<meta http-equiv="Content-Type" content="text/html; charset=gb2312" />
<title>显示时钟</title>
<script type="text/javascript">
<!--
function clock()
{
  var time = new Date();
  var hour = time.getHours();
  var minute = time.getMinutes();
  var second = time.getSeconds();
  hour = hour>=10?hour:("0"+hour);
    minute   = minute >=10 ?minute :("0"+minute);
    second = second >=10 ?second :("0"+second) ;
  document.form1.myClock.value = "现在是" + hour + "时" + minute + "分" + second + "秒";
  setTimeout("clock()",1000);      //定时反复地执行
```

```
}
//-->
</script>
</head>
<body onLoad="clock()">
<form name="form1" method="post" action="">
<input name="myClock" type="text" style="border-style:none; font-size:14px">
</form>
</body>
</html>
```

这里用到一个重要的事件——onload(之前已经使用过了一个重要的事件—— onclick，对于事件，后面的章节将详细讲解，这里先掌握这两个的用法)，在 body 标签内添加一个 onload 属性，然后把要调用的函数放到这个事件中，就可以实现想要的效果，如图 4-12 所示。

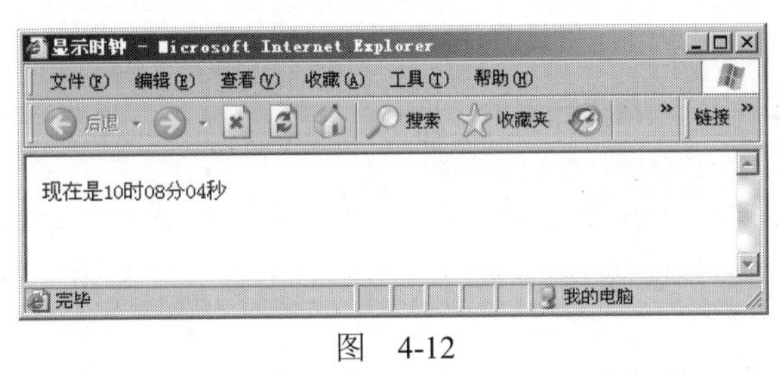

图　4-12

这样通过定时器函数实现了在文本框上动态地改变内容，定时器函数在 JavaScript 中有非常多的应用。与 setTimeout()函数相对应的还有一个 setInterval()函数，可以实现定时器的作用，而且不需要借助递归的方式实现，同时还可以使用一个名为 clearTimeout()的函数清除指定的定时器。在上机部分中学习使用这三个函数。

4.4　数组对象

在 JavaScript 中对象和数组是以相同的方式处理的。一个数组对象实际上是个有序的值的集合，由于 JavaScript 是一种无类型语言，所以在数组中可以存放任意的数据类型。

4.4.1　数组对象创建

在 JavaScript 中，数组创建的语法如下。

```
var arr0 = new Array( );                 //创建一个不含有元素的数组
var arr1 = new Array(3);                 //创建一个含有三个元素的数组
var arr2 = new Array(1, 2, 3, "hello");  //创建一个含有三个数字和一个字符串的数组
var arr3 = [true, 3.14159];              //创建一个含有两个元素的数组
```

4.4.2 数组下标与数组元素的使用

在 JavaScript 中，与多数语言一样数组的下标也是从 0 开始，使用“[]”来存取数组中的元素。由于弱类型的特性，JavaScript 的数组不仅可以存储任意的类型，还可以动态地改变大小。示例 4-15 所示的代码片段实现创建一个数组并动态地给数组元素赋值。

示例 4-15：

```
<script type="text/javascript">
var a = new Array();   //创建一个空数组
a[0] = "China";        //分别将数组的前三个元素赋值为 China、USA、Russia
a[1] = "USA";
a[2] = "Russia";
</script>
```

4.4.3 数组的 length 属性

由于 JavaScript 的数组具有动态性，因此数组对象有一个特殊的属性 length，用来说明数组包含的元素的个数。示例 4-16 所示的代码片段用来显示数组元素的个数。

示例 4-16：

```
<script type="text/javascript">
var a = new Array();                    //创建一个空数组
a[0] = "China";                         //分别将数组的前三个元素赋值为 China、USA、Russia
a[1] = "USA";
a[2] = "Russia";
alert("数组 a 的长度为：" + a.length);    //显示数组的长度
</script>
```

显示结果如图 4-13 所示。

图 4-13

4.4.4 数组元素的遍历

在 Java 语言中，学习了显示数组中的每个元素，使用循环来实现，例如，显示示例 4-16 中的每个元素，可以使用示例 4-17 所示的代码片段。

示例 4-17：

```
<script type="text/javascript">
var a = new Array();   //创建一个空数组
a[0] = "China";         //分别将数组的前三个元素赋值为 China、USA、Russia
a[1] = "USA";
a[2] = "Russia";
for(var i = 0 ; i < a.length ; i ++)
{                       //遍历数组的元素
 document.write("数组 a 的第"+(i+1)+ "个元素的值是:"+a[i]+ "<br>");
}
</script>
```

在这里引入第 4 种循环：for-in 结构，其形式上与 for 循环一样，in 后面使用数组或集合的名字，使用 for-in 结构改写示例 4-17 的代码片段如示例 4-18 所示。

示例 4-18：

```
<script type="text/javascript">
var a = new Array();   //创建一个空数组
a[0] = "China";         //分别将数组的前三个元素赋值为 China、USA、Russia
a[1] = "USA";
a[2] = "Russia";
for(var i in a )          //for(var i = 0 ; i < a.length ; i ++)
{
/*遍历数组的元素，for-in 循环中，变量 i 如果不赋初值，数据类型是 string，需要转成 number 类
型，可以使用 Number(i)或 parseInt(i)方法；也可以给初值 var i = 0，就不用转成 number 类型了。*/
 document.write("数组 a 的第"+(Number(i)+1)+ "个元素的值是:"+a[i]+ "<br>");
}
</script>
```

JavaScript 中不支持多维数组，有时需要使用二维数组，怎么办呢？我们知道，数组中可以放任何类型，那么把数组放到数组中会如何呢？看看示例 4-19 所示的代码。

示例 4-19：

```
<html>
<head>
<meta http-equiv="Content-Type" content="text/html; charset=gb2312" />
<title>数组的使用</title>
</head>
<body>
<script type="text/javascript">
var citys= new Array();     //创建一个空数组
citys[0] = ["武汉市","天门市","黄石市","赤壁市"," 襄樊市"];
citys[1] = ["长沙市","衡阳市","岳阳市","郴州市"];
citys[2] =["郑州市","漯河市","驻马店市","信阳市","开封市","南阳市"];
for(var i in citys )
```

```
{
  document.write("数组 citys 的第"+(Number(i)+1)+ "个元素的城市有:");
  for(var j in citys[i])                    //使用 for in 循环遍历每个元素的值
  {
     document.write(citys[i][j]+ " ");  //输出每个元素中的值
  }
  document.write("<hr>");                   //打印水平线
}
</script>
</body>
</html>
```

运行结果如图 4-14 所示。

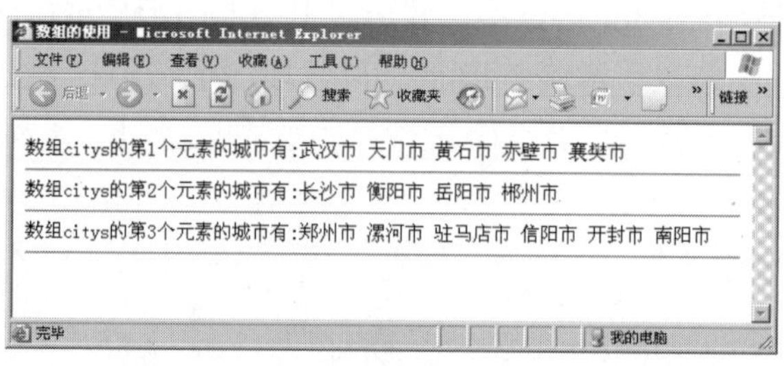

图 4-14

4.4.5 数组的常用方法列表

数组对象有许多方法，表 4-6 列出了常用的方法。

表 4-6 数组常用的方法

方法	说明
concat()	返回一个新数组，这个新数组是由两个或更多数组组合而成的
join()	返回字符串值，其中包含连接到一起的数组的所有元素，元素由指定的分隔符分隔开来
pop()	移除数组中的最后一个元素并返回该元素
push()	将新元素添加到一个数组中，并返回数组的新长度值
reverse()	返回一个元素顺序被反转的 Array 对象
shift()	移除数组中的第一个元素并返回该元素
slice()	返回一个数组的一段
splice()	从一个数组中移除一个或多个元素，如果必要，在所移除元素的位置上插入新元素，返回所移除的元素
sort()	返回一个元素已经进行了排序的 Array 对象

1. join()方法

join()方法将数组中的所有元素组合起来，串接成字符串。可以指定任意的字符串作为分隔符，默认使用“,”。代码如示例 4-20 所示。

示例 4-20：

```
<script type="text/javascript">
var a = new Array();//创建一个空数组
a[0] = "China";      //分别将数组的前三个元素赋值为 China、USA、Russia
a[1] = "USA";
a[2] = "Russia";
alert("第 28 届奥运会金牌前 3 甲国家是：" + a.join(" "));     //对数组进行字符串连接
</script>
```

显示结果如图 4-15 所示。

上面的 join()方法把数组元素按照分隔符组合成字符串，相反的，在单元三中，提到了字符串对象的 split()方法可以按照分隔符把字符串切割成字符串数组。示例 4-21 所示代码片段就完成了字符串“China USA Russia”到字符数组的转化。

示例 4-21：

```
<script type="text/javascript">
var str = "China    USA    Russia";
var a = str.split("    ") ; //  使用空格来切割字符串
for(var i in a)
{
   document.write("a["+i+"] =" +a[i]+ "<br>");
}
</script>
```

显示结果如图 4-16 所示。

图　4-15

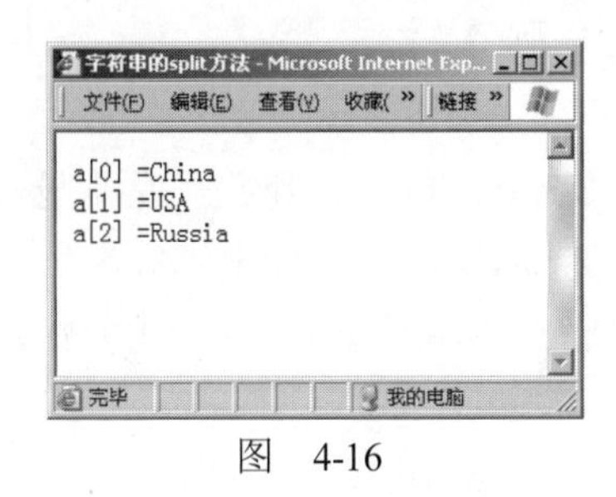

图　4-16

从上面的例子可以看出，字符串和数组之间的转换还是相当简单的。

2. sort()方法

sort()方法可以用默认的排序方式对数组进行排序。如果不带参数，输出结果将按照字母表的顺序排序，否则要自定义一个比较函数。代码如示例 4-22 所示。

示例 4-22：

```
<script type="text/javascript">
var a = new Array();    //创建一个空数组
a[0] = "China";         //分别将数组的前三个元素赋值为 China、USA、Russia
```

```
a[1] = "USA";
a[2] = "Russia";
a.sort();
alert("第 28 届奥运会金牌前 3 甲国家分别是：" + a); //输出会按字母顺序排序
</script>
```

显示结果如图 4-17 所示。

图 4-17

注意在这个例子中，调用 sort()方法之后的返回值是被排序的数组自身。同样 reverse()方法也是一样的，使用这两个方法后，数组中的元素的顺序发生了变化。

【单元小结】

- 掌握 JavaScript 中对象的创建和使用。
- 掌握字符串的用法。
- 掌握 Math 对象的用法。
- 掌握 Date 对象的用法。

【单元自测】

1. 在 JavaScript 中，哪些不是常见的内置对象？(　　)

   A. ArrayList　　B. Math　　C. Date　　D. String

2. 对于字符串对象 str，下列方法使用正确的是(　　)。

   A. str.split(0,-1)　　B. str.slice(0,-1)

   C. str.substr(0,-1)　　D. str.substring(0,-1)

3. Math 对象创建的时候需要使用 new 运算符吗？(　　)

   A. 需要　　B. 不需要

4. Date 对象的创建方法有(　　)。

   A. new Date()　　B. new Date("1/1/2005")

   C. new Date("1-1-2005")　　D. new Date(100)

5. 下面(　　)不是 Array 对象的常见方法。

   A. join()　　B. sort()　　C. reverse()　　D. indexOf()

6. 字符串与数组互相转换可以使用的函数有(　　)。

   A. toString()　　B. valueOf()　　C. split()　　D. join()

【上机实战】

上机目标

- 掌握 Array 对象的常用属性和方法
- 掌握 Math 对象的常用属性和方法
- 掌握 Date 对象的常用属性和方法

上机练习

◆ 第一阶段 ◆

练习 1：随机变化的图片

【问题描述】

利用上机素材中给出的 5 张图片，实现每隔 1s，图片随机地更新一次的效果。

【问题分析】

(1) 使用 Math 对象的 random()方法，可以产生随机数。把素材中的图片的名称改成数字。

(2) 使用document.write()方法对页面进行重新写入，在页面上打印出<img>标签，同时更改其src属性。

(3) 使用前面学习的<meta>标签，让页面每秒刷新一次。

【参考步骤】

(1) 产生 1~5 之间的随机数。

```
Math.round(Math.random()*4+1)
```

(2) 完整代码如示例 4-23 所示。

示例 4-23：

```
<html>
<head>
<meta http-equiv="Content-Type" content="text/html; charset=gb2312" />
<meta   http-equiv="refresh" content="1" >
<title>每秒显示一张图片</title>
<script   type="text/javascript" >
  document.write("<center>1 秒自动刷新，随机显示图片<br>");
  var i=0;
  i=Math.round(Math.random()*4+1);
```

```
    document.write("<img  width=640  height=433  src=images/C1-"+ i +".jpg>");
</script>
</head>
<body >
</body>
</html>
```

练习 2：手机号码摇奖

【问题描述】

编写一个 HTML 页面，完成手机号码的摇奖功能，如图 4-18 所示，当在页面上单击【开始】按钮时，页面上手机号码不停地变化，当单击【停止】按钮时，产生中奖的手机号码。

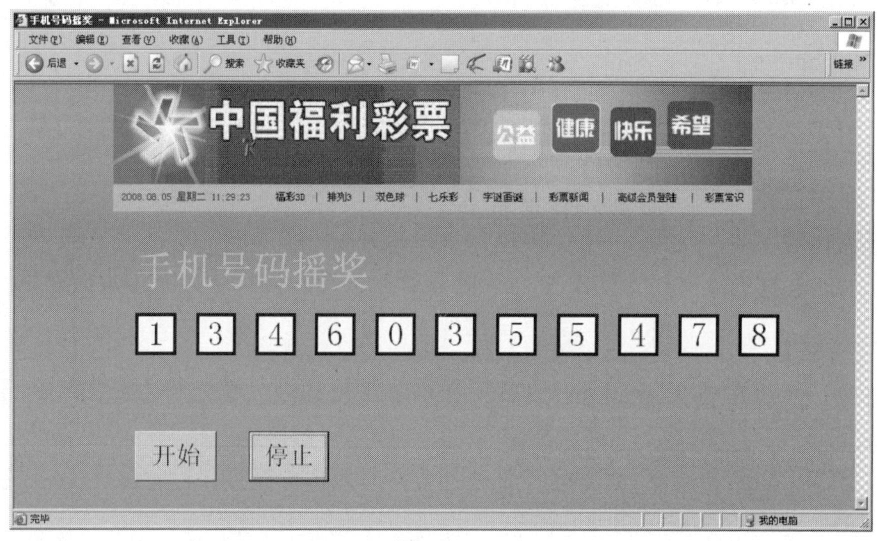

图　4-18

【问题分析】

(1) 本练习可以使用 Window 对象的 setTimeout()函数实现定时器的作用，每隔一段时间产生一个手机号码。手机号码可以用随机数来实现。

(2) 同时使用表单的文本框来显示手机号码，并且不停地变化。

(3) 使用按钮事件来启动定时器和清除定时器。

【参考步骤】

(1) 新建一个网页文件，给<body>标签添加背景图片。

(2) 在<body>标签中添加表单，添加 11 个文本框，分别用来显示每位手机号。

(3) 在表单中添加两个按钮，分别添加 onclick 事件来启动和清除定时器。

(4) 编写脚本代码，参见示例 4-24。

示例 4-24：

```
<html>
<head>
```

```
<meta http-equiv="Content-Type" content="text/html; charset=gb2312" />
<title>手机号码摇奖</title>
<script   type="text/javascript" >
var timer ;
function startDo()
{
      for(var i = 0 ; i < 9 ; i++)
     {
      var rand =    Math.random()*100000;
   rand = parseInt(rand %10);
   document.form1.n[i].value = rand;
     }
  timer = setTimeout("startDo()",100);            //递归调用 startDo()方法
}
function stopDo()
{
      clearTimeout(timer);                         //清除定时器
}
</script>
<style type="text/css">
.in{
border:solid ; color:#0000FF; width:50px;
height:50px;font-size:40px; text-align:center;
}
.btn{
  width:100px; height:60px; font-size:30px;
  }
</style>
</head>
<body background="images/background.JPG"
style="background-repeat:no-repeat">
<div style="position:absolute; top:200px; left:150px">
   <font color="#66FFCC" size="+6" >手机号码摇奖 </font>
   <form name="form1">
      <input name="n11" type="text"    value="1"class="in">
       
      <input name="n22" type="text"      value="3" class="in">
       
      <input name="n" type="text"    class="in">
       
      <input name="n" type="text"    class="in">
       
      <input name="n" type="text"    class="in">
       
      <input name="n" type="text"    class="in">
       
      <input name="n" type="text"    class="in">
```

```
         
        <input name="n" type="text"   class="in">
         
        <input name="n" type="text"   class="in">
         
        <input name="n" type="text"   class="in">
         
        <input name="n" type="text"   class="in">
         
     <br><br><br><br><br>
       <input type="button" value="开始" onClick="startDo()"
class="btn">    
       <input type="button" value="停止" onClick="stopDo()"
class="btn">
     </form>
</div>
</body>
</html>
```

在这个例子中使用了样式，在网页编程中学习过样式。思考一下，如果使用 setInterval()函数能不能实现相同的功能呢？

◆ 第二阶段 ◆

练习 3：在网页上显示时间

【问题描述】

利用 Date 对象在页面上打印："距 2010 年上海世博会开幕还有××天"，如上海世博会的官方网站 http://www.expo2010china.com 的左上角框住区域所示，参见图 4-19。

图 4-19

【问题分析】

(1) 利用 Date 对象产生 2010 年上海世博会开幕那一天的具体时间(上海世博会开幕定于 2010 年 5 月 1 日 8 时)。

(2) 利用 Date 对象产生当前的时间。

(3) 两个时间相减得到的毫秒数化作天。

【拓展作业】

(1) 利用 Math 对象，实现一组图片的随机出现。

(2) 分三张图片，分别在一分钟的前中后 3 个 20 秒里相互切换。

(3) 拟定新的一年中，每个季度的工作计划。以 prompt 提示输入不同的季节，根据不同的选择，用 JavaScript 代码以列表的形式打印出来。

(4) 实现一个字符译码函数，如将 hello 一次替换成 hetto(将 l 换成 t)。

单元 五

JavaScript 内置对象

课程目标

- 了解正则表达式的基本语法和使用方法

简 介

前一单元中，介绍了 JavaScript 常用内置对象，如字符串对象、Math 对象、Date 对象和数组对象，并通过使用字符串对象的方法来实现表单数据的验证。实际上，字符串对象的方法只能解决一些比较具体的字符串处理问题，如果遇到模糊查询处理的问题或对于较复杂的验证工作，使用字符串对象的方法就显得力不从心了。幸好，JavaScript 加入了对正则表达式的支持，使问题变得简单，并且正则表达式在处理这类问题时“威力巨大”。本单元将详细介绍正则表达式的用法。

5.1 正则表达式

正则表达式(regular expression)，意思是符合某种规则的表达式。这个概念听上去很陌生，其实，我们都曾或多或少地使用过。例如，要显示 winxp 中 Windows 目录下面的所有可执行文件的名字，可以在控制台使用命令 dir *.exe，显示结果如图 5-1 所示。在这里，使用了通配符“*”，表示.exe 结尾的所有文件。

图 5-1

在 SQL Base 中，在学生表中查找所有“李姓”的学生信息，使用 SQL 脚本“select * from student where name like '李%'”就可以完成。在很多时候，需要模糊查询，希望从局部信息中检索出详细的信息，就需要使用正则。

在前面的示例 4-5 中，用户名只能是以数字、字母和下画线使用字符串的方法进行验证。有没有相对简单的方法来实现该功能呢？现在又有个问题，在表单中，需要验证用户输入的电话号码，假设号码来自北京，格式是 010-××××××××，该如何实现呢？使用前面学过的知识，来完成这个要求，代码片段如示例 5-1 所示。

示例 5-1：

```
<script type="text/javascript">
function isDigit(char)                    //这个函数判断是不是数字
{
    if(char>= "0" && char<= "9")
```

```
{
    return true;
}
  else
 return false ;
}
function isPhoneNumber(phone)     //验证电话号码的格式
{
  if (phone.length != 12)
     return false;
  for (var i=0; i<12; i++)
  {
     if (i == 3)
     {
        if (phone.charAt(i) != "-")
           return    false;
     }
     else
     {
        if (!isDigit(phone.charAt(i)))
           return    false;
     }
  }
  return true
}
</script>
```

一个看上去很简单的任务，写了一堆代码，如果电话号码还有分机或有国际的区号，这个函数写起来会更复杂，那么我们来看看使用正则表达式是如何用简洁的方式完成上述要求的，如示例 5-2 所示。

示例 5-2：

```
<script type="text/javascript">
//这个函数可以替代示例 4-5 中的 checkName()方法
function checkName(uname)
{
    var reg = /\W/ ; //使用正则表达式
    return reg.test(uname);
}
//这个函数用户替代示例 4-9
function isPhoneNumber(phone)
{
   var reg =/\d{3}[-]\d{8}/;
   return reg.test(phone);
}
</script>
```

从上面的例子可以看出，使用正则表达式来匹配某个字符串，确实很简洁。

5.2 正则表达式的使用

在 JavaScript 中使用正则表达式，需要创建正则表达式对象(RegExp)，通过 RegExp 对象来支持正则表达式，可以使用下面两种方法。

(1) 普通方式声明一个正则表达式。例如，var reg = /pattern/[flags]，示例 4-10 就使用了这种方法。

(2) 使用内置正则表达式对象(构造函数方式)：var reg = new RegExp("pattern", ["flags"])。其中的模式(pattern)部分可以是任何简单或复杂的正则表达式，可以包含字符类、限定符、分组、向前查找及反向引用。每个正则表达式都可带有一个或多个标志(flags)，用以标明正则表达式的行为。正则表达式的匹配模式支持下列 3 个标志。

① g：表示全局(global)模式，即模式将被应用于所有字符串，而非在发现第一个匹配项时立即停止。

② i：表示不区分大小写(case-insensitive)模式，即在确定匹配项时忽略模式与字符串的大小写。

③ m：表示多行(multiline)模式，即在到达一行文本末尾时还会继续查找下一行中是否存在与模式匹配的项。

因此，一个正则表达式就是一个模式与上述 3 个标志的组合体。不同组合产生不同结果，如下面的例子所示。

```
var pattern1 = /at/g;          //匹配字符串中所有"at"的实例
```

与其他语言中的正则表达式类似，模式中使用的所有元字符都必须转义。正则表达式中的元字符包括：

```
( [ { \ ^ $ | } ? * + .])
```

如下面例子，定义一个字符串，包含一个中括号，我们想匹配到中括号，并将替换成文字“我本身是一个中括号”，如示例 5-3 所示的代码。

示例 5-3：

```
var str="[aaaa";                          //定义一个字符串
document.write(str+"<br>");               //打印出原字符串内容
var pa1=/[/;                              //全局查找"["
var a=str.replace(pa1,'我本身是一个中括号');  //用文字替换'['
document.write(a)
```

结果如图 5-2 所示。

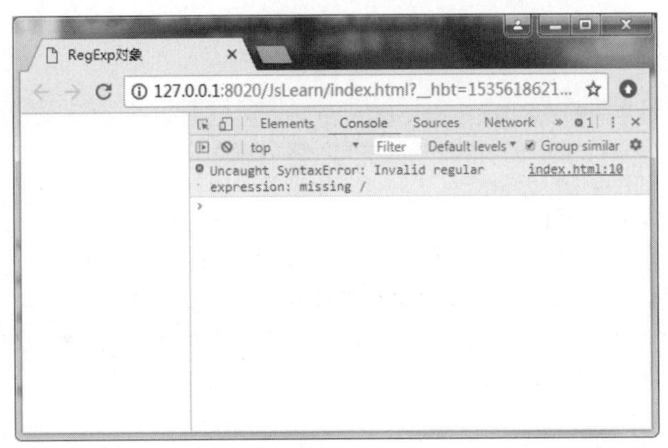

图　5-2

从图 5-2 中可以看到报了一个错误，当我们给‘[’转义后，如示例 5-4 所示。

示例 5-4：

```
var str="[aaaa";                                //定义一个字符串
document.write(str+"<br>");                     //打印出原字符串内容
var pa1=/\[/;                                   //全局查找"[",转义'['
var a=str.replace(pa1,'我本身是一个中括号');      //用文字替换'['
document.write(a)
```

结果如图 5-3 所示。

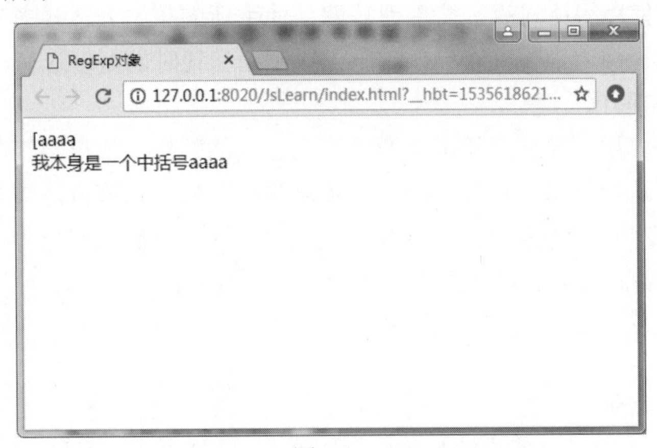

图　5-3

从图 5-3 中可以看到“[”已经被替换成了“我本身是一个中括号”。正则表达式中转义方法只在需要转的单个表达式前面加上“\”就可以了。例如，前面定义的 pal 表达式为 /[/。那么想获取这个“[”，则需要在“[”前面加上“\”即该正则表达式为/\[/。

在 JavaScript 中的正则表达式 RegExp 对象提供了以下 3 个方法。

(1) compile()方法。将正则表达式编译为内部格式，从而更快地执行。compile()方法提供了两个参数，一个是正则表达式，一个是规定匹配的类型。如示例 5-5 所示，在字符串中全局搜索“hell”，并用“你好”替换。然后通过 compile()方法，改变正则表达式，用“你好”替换“hello”。

示例 5-5：

```
var str="hello world！ hello, 程序员！";          //定义一个字符串
patt=/hell/g;                                    //全局搜索 hell
str2=str.replace(patt,"你好");                   //将 hell 替换成你好
document.write(str2+"<br />");
patt=/hello/g;                                   //全局搜索 hello
patt.compile(patt);                              //使用 compile()方法编译
str2=str.replace(patt,"你好");                   //将 hell 替换成你好
document.write(str2);
```

结果如图 5-4 所示。

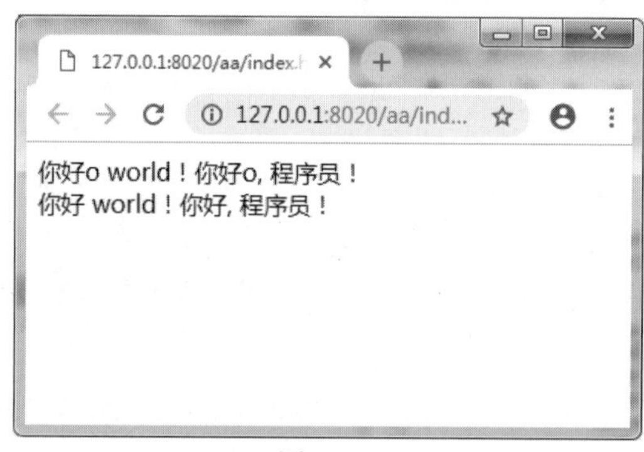

图 5-4

compile()方法使用得比较少，简单理解就是使用新的正则表达式去替换旧的正则表达式。由于本身会编译成内部格式，所以对于比较复杂和耗时的处理过程，使用 compile()显然会带来性能上的提升。

(2) exec()方法。用于检索字符串中的正则表达式的匹配。如果字符串中有匹配的值返回该匹配值，否则返回 null。其是 RegExp 对象的主要方法，该方法是专门为捕获组而设计的。exec()方法接受一个参数，即要应用模式的字符串，然后返回包含第一个匹配项信息的数组；或者在没有匹配项的情况下返回 null，如示例 5-6 所示。

示例 5-6：

```
var str="Hello world!";
var patt=/Hello/g;                  //查找"Hello"
var result=patt.exec(str);
document.write("返回值: " +  result);
patt=/RUNOOB/g;                     //查找 "RUNOOB"
result=patt.exec(str);
document.write("<br>返回值: " +  result);
```

结果如图 5-5 所示。

(3) test()方法。用于检测一个字符串是否匹配某个模式。它接受一个字符串参数。在模式与该参数匹配的情况下返回 true；否则返回 false，代码如示例 5-7 所示。

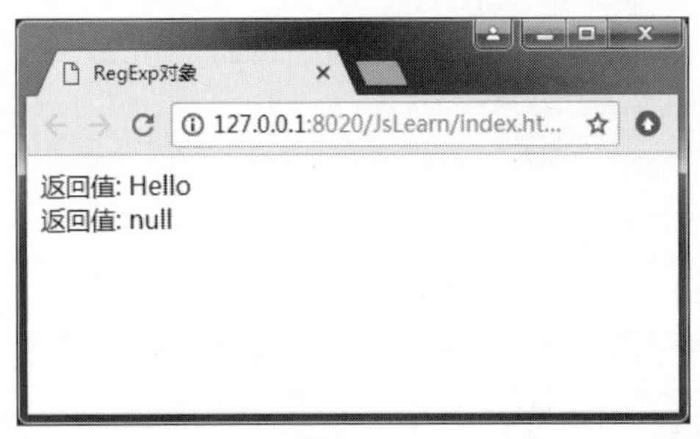

图　5-5

示例 5-7：

```
var str = "hello world";
var patt1 = /12/;
var result = patt1.test(str);
document.write("Result，检测是否有 12：  " + result+'<br>');
var patt2 = /hello/;
var result2 = patt2.test(str);
document.write("Result2，检测是否有 hello：  " + result2);
```

结果如图 5-6 所示。

图　5-6

在只想知道目标字符串与某个模式是否匹配，但不需要知道其文本内容的情况下，使用 test()方法非常方便，所以常用在 if 语句中。

5.3　使用正则的表单数据验证

常常使用正则来做表单数据的验证，例如，上面提到的电话号码的格式验证、用户名中包含的字符验证和电子邮件的格式验证等。

5.3.1　中文字符的验证

由于编码的问题，中文的使用在很多时候都容易导致一些奇怪的问题，因此很有必要做适当的检查。使用正则表达式可以很轻松地来检查用户的输入是否含有中文，如示例 5-8

所示。

示例 5-8：

```
<html>
<head>
<meta http-equiv="Content-Type" content="text/html; charset=gb2312" />
<title>检查中文</title>
<script type="text/javascript">
function checkCN()
{
var name = document.myform.inputText.value;
var re = /[\u4e00-\u9fa5]/;   //判断中文的正则模式
if (re.test(name))
  {
   alert("字符串中含有中文");
  }
}
</script>
</head>
<body>
<form name="myform" >
<input type="text" name="inputText">
<input type="button" value="检查中文" onClick="checkCN()">
</form>
</body>
</html>
```

运行结果如图 5-7 所示。

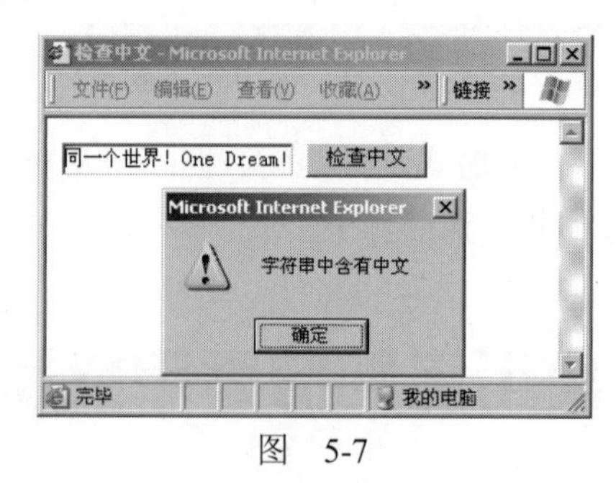

图 5-7

5.3.2 电子邮件的验证

前面单元中，学习了电子邮件的验证，用户的表单中包含电子邮件，电子邮件的格式要求里面包含“@”符号，严格意义上讲，还需要包含“.”，并且最后一个“.”符号的位置在“@”符号的后面。想想，如果要做这个验证，使用字符串的方法来做，是不是会很麻烦呢？如示例 5-9 所示的代码片段使用了正则表达式来验证电子邮件。

示例 5-9：

```
<script type= "text/javascript ">
function checkEmail(email)
{
  //验证电子邮件的正则模式
var reg = / ^[0-9a-zA-Z]+@[0-9a-zA-Z]+[\.]{1}[0-9a-zA-Z]+[\.]?[0-9a-zA-Z]+$/;
return reg.test(email);
</script>
```

5.3.3 表单数据的其他验证

从上面的三个例子可以看出，使用正则表达式让表单的验证变得简单和简洁。正则模式的设计比较复杂，使用起来比较简单。在 JavaScript 中，记住正则符号的含义，就能按照要求设计出正则模式。其实，对于表单数据的验证，只需要记住一些常用的正则模式就可以了。表 5-1 列出了常用的正则模式。

表 5-1　常用的正则模式

正则模式	含义
/^[0-9]*$/	只能输入数字
/ ^\d{n}$/	只能输入 n 位数字
/ ^(0|[1-9][0-9]*)$ /	只能输入零和非零开头的数字
/ ^[A-Za-z]+$ /	只能输入由 26 个英文字母组成的字符串
/ ^(\d{15}|\d{18})$ /	验证身份证号(15 位或 18 位数字)
/ ^(0?[1-9]|1[0-2])$ /	验证一年的 12 个月
\W	匹配任意不是字母、数字、下画线、汉字的字符
\S	匹配任意不是空白符的字符
\D	匹配任意非数字的字符
\B	匹配不是单词开头或结束的位置
\w	匹配字母或数字或下画线
\s	匹配任意的空白符
\b	匹配单词的开始或结束
\d	匹配数字
^	匹配字符串的开始
$	匹配字符串的结束

常用的正则验证的表达式方法如下。

1. 用户名正则

```
//用户名正则，4 到 16 位(字母，数字，下画线，减号)
var uPattern = /^[a-zA-Z0-9_-]{4,16}$/;
```

2. 密码强度正则

```
//密码强度正则，最少 6 位，包括至少 1 个大写字母，1 个小写字母，1 个数字，1 个特殊字符
var pPattern = /^.*(?=.{6,})(?=.*\d)(?=.*[A-Z])(?=.*[a-z])(?=.*[!@#$%^&*? ]).*$/;
```

3. 整数正则

```
//正整数正则
var posPattern = /^\d+$/;
//负整数正则
var negPattern = /^-\d+$/;
//整数正则
var intPattern = /^-?\d+$/;
```

4. 数字正则(可以是整数也可以是浮点数)

```
//正数正则
var posPattern = /^\d*\.?\d+$/;
//负数正则
var negPattern = /^-\d*\.?\d+$/;
//数字正则
var numPattern = /^-?\d*\.?\d+$/;
```

5. 手机号码正则

```
var mPattern = /^((13[0-9])|(14[5|7])|(15([0-3]|[5-9]))|(18[0,5-9]))\d{8}$/;
```

6. 身份证号正则

```
//身份证号(18 位)正则
var cP = /^[1-9]\d{5}(18|19|([23]\d))\d{2}((0[1-9])|(10|11|12))(([0-2][1-9])|10|20|30|31)\d{3}[0-9Xx]$/;
```

7. QQ 号码正则

```
//QQ 号正则，5 至 11 位
var qqPattern = /^[1-9][0-9]{4,10}$/;
```

8. 微信号正则

```
//微信号正则，6 至 20 位，以字母开头，字母，数字，减号，下画线
var wxPattern = /^[a-zA-Z]([-_a-zA-Z0-9]{5,19})+$/;
```

9. 车牌号正则

```
//车牌号正则
var cPattern = /^[京、津、沪、渝、冀、豫、云、辽、黑、湘、皖、鲁、新、苏、浙、赣、鄂、桂、甘、晋、蒙、陕、吉、闽、贵、粤、青、藏、川、宁、琼、使、领 A-Z]{1}[A-Z]{1}[A-Z0-9]{4}[A-Z0-9挂学警港澳]{1}$/;
```

10. 包含中文正则

```
//包含中文正则
var cnPattern = /[\u4E00-\u9FA5]/
```

下面利用正则做一个完整的表单验证，当单击【注册】按钮时，验证用户是否按照我们的需求填写，若不是，则给出错误提示，若填写成功，则给出成功提示。当用户信息填写完成后，在所有验证通过后，单击【注册】按钮，弹出验证成功提示。代码如示例 5-10 所示。

示例 5-10：

```
<html>
  <head>
    <meta charset="UTF-8">
    <title>完整验证表单</title>
    <style type="text/css">
      * {
        margin: 0;
        padding: 0;
        list-style: none;
      }
      body {
        background: #ccc;
      }
      .demo {
        width: 400px;
        padding: 40px;
        background: #efefef;
        border: solid 1px #666;
        margin: 100px auto 0;
        line-height: 40px;
      }
      label {
        display: inline-block;
        width: 20%;
      }
      input {
        width: 60%;
      }
input[type=submit]{
        margin-left: 20%;
        width: 60%;
        height: 30px;
        line-height: 30px;
        color: white;
        background: red;
        border: none;
        outline: none;
        border-radius: 5px;
      }
    </style>
```

```
</head>

<body>
  <form id="form" action="#" method="get">
    <div class="demo">
      <ul>
        <li>
          <label for="iptqq">Q Q：</label>
          <input type="text" id="iptqq">
          <span></span>
        </li>
        <li>
          <label for="iptPhone">手机：</label>
          <input type="text" id="iptPhone">
          <span></span>
        </li>
        <li>
          <label for="iptEmil">邮箱：</label>
          <input type="text" id="iptEmil">
          <span></span>
        </li>
        <li>
          <label for="iptNum">座机：</label>
          <input type="text" id="iptNum">
          <span></span>
        </li>
        <li>
          <label for="iptName">姓名：</label>
          <input type="text" id="iptName">
          <span></span>
        </li>
        <li>
          <input type="submit" value="注册" />
        </li>
      </ul>
    </div>
  </form>
</body>
<script type="text/javascript">
  (function(window) {
    function $(id) {
      return document.getElementById(id);
    };
    // 获取对象
    var iptqq = $("iptqq"),
      iptPhone = $("iptPhone"),
      iptEmil = $("iptEmil"),
      iptNum = $("iptNum"),
      iptName = $("iptName");
```

```
        // 正则验证表达式
        // 验证座机
        var rxNum = /^0[0-9]{2,3}-[0-9]{7,8}$/;
        // 验证 QQ
        var rxqq = /^[1-9][0-9]{4,10}$/;
        // 验证手机
        var rxPhone = /^(13[0-9]|15[012356789]|18[0-9]|17[678]|14[57])[0-9]{8}$/;
        // 验证邮箱
        var rxEmil = /^\w+@\w+\.\w+$/;
        // 验证姓名
        var rxName = /^[\u4E00-\u9FA5]{2,}$/
        $("form").onsubmit = function() {
            var re = true;
            // 验证座机
            re = cation(iptNum, rxNum);
            // 验证 QQ
            re = cation(iptqq, rxqq);
            console.log(re)
            // 验证手机号
            re = cation(iptPhone, rxPhone);
            // 验证邮箱
            re = cation(iptEmil, rxEmil);
            // 验证姓名
            re = cation(iptName, rxName);
            if(re == false) {
                return false;
            } else {
                alert("验证通过")
            }
        }
        // 封装验证函数
        function cation(element, regExp) {
            var re = true;
            var txt = element.value;
            if(regExp.test(txt)) {
                element.nextElementSibling.innerHTML = "正确"
                element.nextElementSibling.style.color = "green";
                re = true;
            } else {
                element.nextElementSibling.innerHTML = "错误"
                element.nextElementSibling.style.color = "red";
                re = false;
            }
            return re;
        }
    })(window)
  </script>
</html>
```

结果如图 5-8 所示。

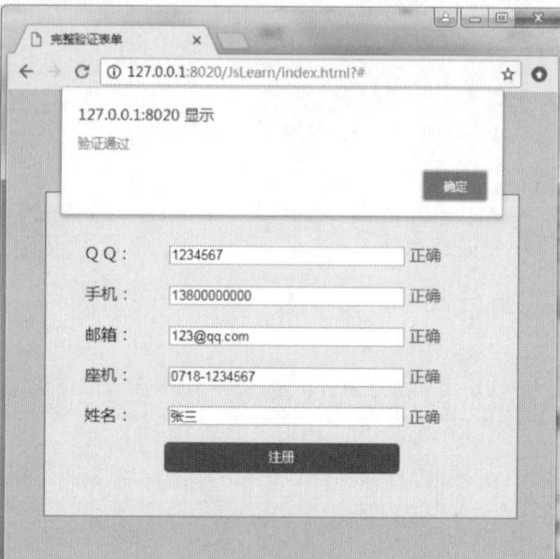

图 5-8

5.4 字符串对象的方法对正则的支持

在 Java 中想要去掉字符串中的前后空格，可以使用 String 对象的 trim()方法，JavaScript 也提供此方法，我们也可以利用正则表达式来轻松地实现这个功能。代码片段如示例 5-11 所示。

示例 5-11：

```
<script type="text/javascript">
function trim()
  {
    var name = document.form1.userName.value;
    var re = /^\s+|\s+$/g;   // \s  表示匹配任何空白字符
    //"^"和"$"分别确定行首和行尾，中间用"|" "/g"参数实现全文匹配
    document.form1.userName.value = name.replace(re,"");
  }
</script>
```

运行结果如图 5-9 所示。

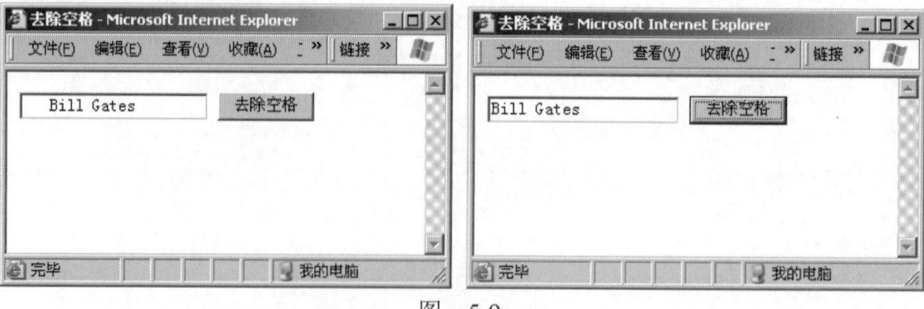

图 5-9

在这个例子中，使用了replace()方法来进行空格字符的替换操作，把正则作为一个参数给replace()方法，凡是匹配正则定义的行首和行尾的任意一个空白字符都会被替换成""。大家可以设想一下，假如用普通的方式处理，由于空格字符具体的数量无法确定，同时位置也没有办法确定，这个功能的实现将会非常复杂。如果合理地利用正则，这个问题就变得异常的简单了。

在 JavaScript 中，并不是每一个字符串的方法都支持正则，如常用的 indexOf()方法。支持正则的方法有下面 4 个，用法代码片段如示例 5-12 所示。

(1) match()使用正则表达式模式对字符串执行查找，并将结果作为数组返回。

(2) replace()返回根据正则表达式进行文字替换后的字符串。

(3) search()返回与正则表达式查找内容匹配的第一个子字符串的位置，不支持全局搜索。

(4) split()使用正则表达式模式对字符串进行切割，并将结果作为数组返回。

示例 5-12：

```
<script type="text/javascript">
var reg0 = /\d+/g;   // \d 表示匹配任何数字
var str0 = "1 plus 2 equals 3";
var arr0 = str0.match(reg0);   //返回["1" , " 2 "," 3"]
var reg1 = /\s*,\s*/;
var str1 = "1, 2, 3, 4, 5";
var arr1 = str1.split(reg1);   //返回["1","2","3","4","5"]
var reg2 = /Script/;
var str2 = "JavaScript is very easy!" ;
var arr2 = str2.search(reg2);   //返回 4
document.write(arr0 + "<br>" + arr1 + "<br>" +arr2);
</script>
```

其中match()方法是最常用的String正则表达式。它的唯一参数就是一个正则表达式(或通过RegExp()构造函数将其转换为正则表达式)，返回的是一个由匹配结果组成的数组。如果该正则表达式设置的修饰符为g，则该方法返回的数组包含字符串中的所有匹配结果。例如：

```
'aa bb'.match(/aa/g)    //返回["aa"]
```

【单元小结】

运用正则表达式处理复杂的字符串问题。

【单元自测】

1. 字符串处理函数中可使用正则表达式的是(　　)。

A. replace()　　B. indexOf()　　C. search()　　D. exec()

2. JavaScript 中的正则表达式必须用(　　)符号括起来。

A. \　　B. /　　C. "　　D. '

3. 使用 JavaScript 正则表达式，能正确验证身份证号码是 15 位或 18 位数字的是(　　)。

A. /\d{15}/　　B. /\d{15}|\d{18}/

C. /^(\d{15}|\d{18})$/　　D. /^\d{15|18}$/

【上机实战】

上机目标

- 掌握常用的字符串函数的使用
- 掌握常见的正则表达式模式的写法
- 掌握正则表达式在 JavaScript 中的应用

上机练习

◆ 第一阶段 ◆

练习 1：注册页面的表单数据验证

【问题描述】

使用正则来实现雅虎邮箱注册页面的表单数据验证。要求，邮箱名只能是数字、字母或下画线，邮箱地址必须包含“@”和“.”符号，并且“@”必须在最后一个“.”符号前面，密码至少是 6 位数字，答案只能输入英文，年、月、日要求格式正确。页面显示如图 5-10 所示。

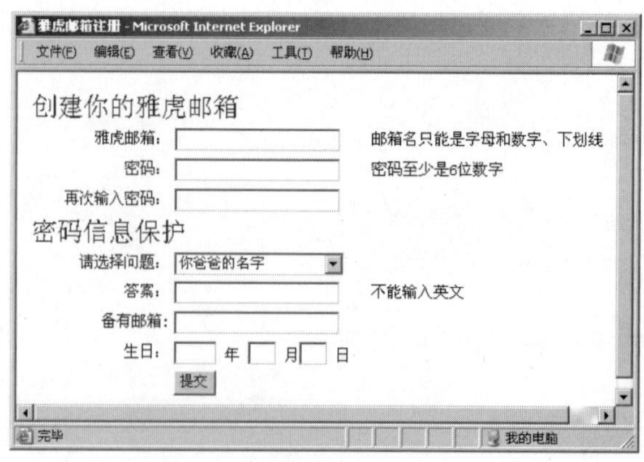

图　5-10

【问题分析】

本练习主要巩固理论课讲到的常用正则模式，综合在一起，完成表单数据的验证。当然，也可以使用字符串的方法来做验证，大家可以试试看。

(1) 邮箱名字只能是数字、字母和下画线，包含“@”和“.”符号，使用正则模式/^[0-9a-zA-Z_]+@[0-9a-zA-Z]+[\.]{1}[0-9a-zA-Z]+[\.]?[0-9a-zA-Z]+$/。

(2) 密码至少是 6 位数字，使用正则模式/ \d{6,}/。

(3) 答案只能是中文，使用正则模式/[\u4e00-\u9fa5]/。

(4) 月、日分别使用正则模式/ ^(0?[1-9]|1[0-2])$/ 和/ ^((0?[1-9])|((1|2)[0-9])|30|31)$/。

【参考步骤】

(1) 新建注册页面，完成如图 5-10 所示的注册表单。

(2) 编写表单字段的验证函数，完整代码如示例 5-13 所示。

示例 5-13：

```
<html>
<head>
<meta http-equiv="Content-Type" content="text/html; charset=gb2312" />
<title>雅虎邮箱注册</title>
<style type="text/css">
td{
font-family:"新宋体" ; font-size:14px;
}
</style>
<script type="text/javascript">
<!--
 function checkForm()
 {
 var email   = document.myform.mainMail.value ;
 var   reg0 = /^[0-9a-zA-Z_]+@[0-9a-zA-Z]+[\.]{1}[0-9a-zA-Z]+[\.]?[0-9a-zA-Z]+$/;
  if(!reg0.test(email))
   {
     alert("您输入的邮箱地址不符合要求!");
   return false ;
   }
  var pwd0   = document.myform.pwd.value ;
  var pwd1   = document.myform.rpwd.value ;
  var reg1 = /\d{6,}/;
   if(!reg1.test(pwd0)|| !reg1.test(pwd1))
   {
    alert("您输入的密码不符合要求!");
return false ;
    }
  if(pwd0 != pwd1){
    alert("两次密码不匹配!");
    return false ;
  }
  //验证答案
```

```
        var ans    =document.myform.answer.value ;
        var reg2 = /[\u4e00-\u9fa5]/;
        if(!reg2.test(ans))
        {
            alert("答案只能是中文!");
            return false ;
        }
         //验证备用邮箱
         var email0   = document.myform.subMail.value ;
         if(!reg.test(email0))
            {
             alert("您输入的邮箱地址不符合要求!");
           return false ;
            }
         //验证月份在 1 至 12 之间，日期在 1 至 31 之间
         var    mon = document.myform.month.value ;
         var reg3 = /^(0?[1-9]|1[0-2])$/;
         if(!reg3.test(mon))
            {
             alert("月份只能是 1 至 12 之间!");
           return false ;
            }
           var    da = document.myform.date.value ;
       var reg4 =/^((0?[1-9])|((1|2)[0-9])|30|31)$/;
         if(!reg4.test(da))
             {
            alert("日期只能在 1 至 31 之间!");
          return false ;
             }
          return true ;
      }
   // -->
   </script>
   </head>
   <body>
   <form name="myform" method="post" onSubmit="return checkForm();">
      <table width="556" height="274">
         <tr>
            <td colspan="3"><font size="+1" face="新宋体" color="#000099">创建你的雅虎邮箱</font></td>
         </tr>
         <tr>
            <td width="129" align="right">雅虎邮箱：</td>
            <td width="175"><input type="text" name="mainMail" /></td>
            <td width="236">邮箱名只能是字母、数字、下画线</td>
         </tr>
         <tr>
            <td align="right">密码：</td>
```

```
        <td><input type="password" name="pwd" /></td>
        <td>密码至少是 6 位数字</td>
      </tr>
      <tr>
        <td align="right">再次输入密码：</td>
        <td><input type="password" name="rpwd" /></td>
        <td> </td>
      </tr>
      <tr>
        <td colspan="3"><font size="+1" face="新宋体" color="#000099">密码信息保护</font></td>
      </tr>
      <tr>
        <td align="right">请选择问题：</td>
        <td>
          <select name="select">
      <option>你爸爸的名字</option><option>你妈妈的名字</option>
      <option>你宠物的名字</option><option>你大学班主任的名字</option>
            </select>
        </td>
        <td> </td>
      </tr>
      <tr>
        <td align="right">答案：</td>
        <td><input type="text" name="answer" /></td>
        <td>不能输入英文</td>
      </tr>
      <tr>
        <td align="right">备用邮箱:</td>
        <td><input type="text" name="subMail" /></td>
        <td> </td>
      </tr>
      <tr>
        <td align="right">生日：</td>
        <td><input type="text" name="year"   size="4"/>年
<input type="text" name="month" size="2" />月
<input type="text" name="date" size="2" />日</td>
        <td>  </td>
      </tr>
    <tr>
        <td> </td>
        <td><input type="submit"   value="提交"/></td>
        <td> </td>
      </tr>
    </table>
</form>
</body>
</html>
```

练习 2：提取某个页面中的全部超链接

【问题描述】

把某个页面中的所有超链接<a href="">提取出来，并显示在文本域中。

【问题分析】

可以利用字符串处理函数，结合正则表达式来实现。

(1) 设计正则表达式的模式，匹配出任意的超链接，正则模式为/href=".*?"/g。加上一个“?”匹配符，目的是把匹配模式由贪婪模式改成非贪婪模式。“/g”参数在理论中介绍过，其实现全局查找。

(2) 使用 document.body.innerHTML 得到<body>标签内的全部文本内容。

(3) 使用字符串对象的 match()方法，得到满足正则模式的所有超链接的字符串数组。

(4) 对字符串数组中的每个字符串进行截取，也就是去掉“href=”及超链接前后的双引号。使用字符串的 replace()函数来实现，采用正则模式/href="(.*?)"/g。

【参考步骤】

(1) 新建一个页面，在页面中写多个超链接。新建表单，在表单中包含按钮和文本域。

(2) 编写超链接提取函数来实现在表单文本域中显示页面中的所有超链接。

(3) 代码如示例 5-14 所示。

示例 5-14：

```
<html>
<head>
<meta http-equiv="Content-Type" content="text/html; charset=gb2312" />
<title>提取页面中的所有超链接</title>
<script type="text/javascript">
<!--
    function getAllRefs()
    {
     var reg0 = /href=".*?"/g;                              //提取超链接的正则模式
     var bodyContent=document.body.innerHTML; //得到<body>标签中的所有内容
     var hrefs = bodyContent.match(reg0);                   //使用正则模式来匹配超链接，返回数组
     var str = hrefs.join("\n");                            //使用数组的join()方法把数组元素组合成字符串
     var reg1 = /href="(.*?)"/g;                            //替换主体内容的正则模式
     var text = str.replace(reg1,"$1");                     //$1 代表正则 reg1 括号括起来的部分
     document.myform.showrefs.value = text ;
    }
//-->
</script>
</head>
<body>
友情链接
<ol>
<li><a href="http://www.sina.com.cn">新浪</a>
```

```
<li><a href="http://www.sohu.com">搜狐</a>
<li><a href="http://www.yahoo.com.cn">雅虎中国</a>
<li><a href="http://www.taobao.com">淘宝网</a>
<li><a href="http://www.pconline.com.cn">太平洋电脑网</a>
</ol>
<form name="myform">
<input type="button" onClick="getAllRefs()" value="提取页面中的超链接">
<br><br>
<textarea rows="5" cols="50" name="showrefs">
</textarea>
</form>
</body>
</html>
```

运行结果如图 5-11 所示。

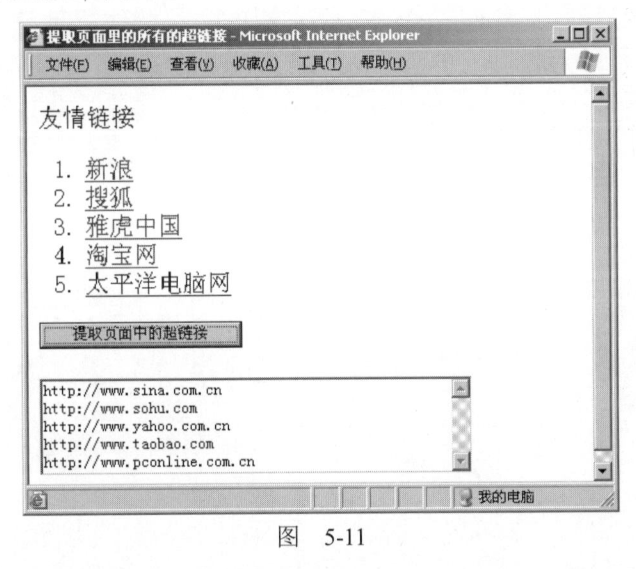

图　5-11

◆ 第二阶段 ◆

练习 3：联合使用正则和字符串方法验证 IP 地址

【问题描述】

我们知道，目前使用的 IPv4 协议，网上计算机的 IP 地址都是点分十进制。例如，新浪网服务器的 IP 地址是 59.175.132.65。IP 地址要求是 4 个十进制数字，使用 “.” 符号隔开，并且每个数字的范围在 0~255，包括 255，但不包括 0。使用正则实现用户的输入是符合要求的 IP 地址。

【问题分析】

(1) 设计 IP 地址的正则模式比较麻烦，可以分成两步，第一步设计正则模式来判断是否符合 IP 地址格式。第二步，使用字符串的 spilt()方法把 IP 地址字符串转成数组，再判断数组中的每个元素的值的范围是否在 0~255。

(2) 联合使用正则和字符串方法比单纯使用其中一种方法要简单些。

【拓展作业】

实现一个电话和电话号码的验证。

单元 六

文档对象模型

课程目标

- 了解文档对象模型的基本概念
- 了解 Window 对象
- 了解 Document 对象
- 了解 Location 对象
- 了解 History 对象

简 介

文档对象模型(Document Object Model)，是前面提到过的W3C组织提出的一种规范。用W3C组织的话来说，DOM其实就是“一种允许程序或脚本动态地访问更新文档内容、结构和样式的、独立于平台和语言的规范化接口”。说白一点，DOM就是规范，只要符合这种规范的文档，就可以在程序中引用其内容，还可以进行修改，这给文档的处理带来了相当大的灵活性。DOM最典型的例子就是HTML网页中的JavaScript的应用，运用网络的朋友都知道，网页中有时可以动态改变内容。例如，单击一片文字展开下拉式目录等，这是用JavaScript动态实现的。在JavaScript中改变文档内容的语句就是符合DOM接口规范的语句。本单元将具体地介绍文档对象模型中的4个重要对象。

6.1 文档对象模型概述

文档对象模型(DOM)是针对HTML和XML文档的一个API(应用程序编程接口)。一般来讲，所有支持JavaScript的浏览器都支持DOM。它以树形结构表示HTML和XML文档，定义了遍历树、检查和修改树的节点的方法和属性。

W3C组织把DOM分成下面的不同的部分和三个不同的版本(DOM 1/2/3)。

(1) Core DOM：定义了任意结构文档的标准对象集合。

(2) XML DOM：定义了针对XML文档的标准对象集合。

(3) HTML DOM：定义了针对HTML文档的标准对象集合。

(4) DOM CSS：定义了在程序中操作CSS规则的接口。

(5) DOM Events：给DOM添加事件处理。

在本书中重点介绍HTML DOM。HTML DOM定义了访问和操作HTML文档的标准方法，HTML DOM将HTML文档表示为带有元素、属性和文本的树结构(节点树)。在树形结构中，所有的元素及它们包含的文本都可以被DOM树所访问到。不仅可以修改和删除它们的内容，还可以通过DOM来建立新的元素。HTML DOM独立于语言平台，它可以被任何的程序语言所使用(如Java、JavaScript、VBScript)。本单元使用JavaScript来存取页面及其元素。

6.1.1 一个HTML DOM的例子

示例6-1所示是使用DOM改变文档颜色的例子。

示例6-1：

```
<html>
<head>
<meta charset="utf-8"/>
<title>DOM 树</title>
```

```
<script type="text/javascript">
function changeColor()
{
document.body.bgColor="yellow";
document.getElementById("h11").innerText="文档背景变成黄色了";
}
</script>
</head>
<body onclick="changeColor()">
<h1 id ="h11">单击按钮文档，改变颜色!</h1>
<form name="myform1">
<input type="button" value="确定" onclick="changeColor()">
</from>
</body>
</html>
```

Document对象是所有HTML文档内其他对象的父节点，document.body对象代表了HTML文档的<body>元素，Document 对象是body对象的父节点，也可以说body对象是Document对象的子节点。document.body.bgColor属性定义了body对象的背景颜色，document.body.bgColor="yellow"是将HTML文档的背景颜色设置为了黄色。HTML文档对象可以对事件做出反应，在上面例子中<body>元素的onclick="changeColor()"属性定义了当用户单击文档后发生相应的行为。

6.1.2　HTML DOM 的树状结构

当浏览器解释执行示例 6-1 代码时，就把这个文档描述成一个文档树(DOM 树)，如图 6-1 所示。在树结构中，每个 HTML 标记成为树的节点，可以理解成把文档对象的每个标记解析成树节点对象。在 DOM 中，这样规定节点，整个文档是一个文档节点，每个 HTML 标签是一个元素节点，包含在 HTML 元素中的文本是文本节点，每一个 HTML 属性是一个属性节点，注释属于注释节点。

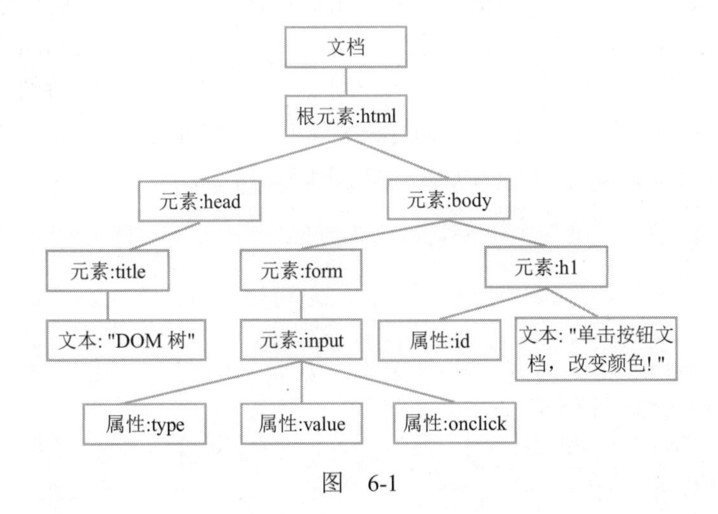

图　6-1

在 DOM 中定义了 12 种类型的节点，表 6-1 列出了 HTML DOM 中定义的 6 个节点对象。

表 6-1　HTML DOM 中定义的 6 个节点对象

类型	说明	对应 HTML 元素
Element	HTML 或 XML 元素	<p>…</p>
Attribute	HTML 或 XML 元素属性	align="center"
Text	HTML 或 XML 元素的文本	This is a text fragment!
Comment	HTML 注释	<!--文本注释 -->
Document	文档树的根	<html>
DocumentType	文档类型定义	<!DOCTYPE HTML PUBLIC "-//W3C//DTD HTML 4.01 Transitional//EN" "http://www.w3.org/TR/html4/loose.dtd">

6.1.3　使用 DOM 访问文档对象的元素

既然 HTML 的文档被描述成文档树，现在需要访问树上的某个节点(元素)，怎么做呢？DOM 提供了两种方法来访问树上的节点。

(1) 通过使用 getElementById()方法、getElementsByTagName()方法和 getElementsByName()方法。

(2) 通过使用一个元素节点的 parentNode、firstChild 及 lastChild 属性。

getElementById()和 getElementsByTagName()两种方法，可查找整个 HTML 文档中的任何 HTML 元素。这两种方法会忽略文档的结构。假如希望查找文档中所有的<p>元素，不管<p>元素处于文档中的哪个层次，getElementsByTagName()会把它们全部找到。同时，不论它被隐藏在文档结构中的什么位置，getElementById()方法也会返回正确的元素。

getElementsByName() 方法可返回带有指定名称的对象的集合。该方法与 getElementById()方法相似，但是它查询元素的 name 属性，而不是 ID 属性。另外，因为一个文档中的 name 属性可能不唯一(如 HTML 表单中的单选按钮通常具有相同的 name 属性)，所有 getElementsByName()方法返回的是元素的数组，而不是一个元素。

getElementById()可通过指定的 ID 来返回元素，使用 document.getElementById("元素的ID")就可以得到该元素。想要得到给定元素，则必须指定该元素的 ID 属性。在单元三中上机练习的“第一阶段”，document.write()方法实现了 5 张图片每秒切换。现在对它改写，使用 document.getElementById()方法来实现，如示例 6-2 所示。

示例 6-2：

```
<html>
<head>
<meta charset="utf-8"/>
<title>每秒显示一张图片</title>
<script   type="text/javascript" >
    function fun()
```

```
    {
     var i=0;
     i=Math.round(Math.random()*4+1);
     document.getElementById("img0").src="images/C1-"+ i +".jpg"; //得到<img>元素并且修改元素的
setTimeout("fun()",1000);
   }
</script>
</head>
<body onLoad="fun()">
<img id ="img0" src="images/C1-1.jpg">
</body>
</html>
```

document.getElementsByName()方法是根据HTML文档标记的name属性得到一个元素数组，如示例6-3所示。

示例6-3：

```
<html>
<head>
<meta charset="utf-8"/>
<title>获得所有对象</title>
<script  type="text/javascript">
    function fun(flag)
    {
     var sels =  document.getElementsByName("ck");
  for(var i =0 ; i <sels.length ;i++)
  {
       sels[i].checked= flag ;
  }
   }
</script>
</head>
<body >
<form name="myform">
请选择你喜欢的咖啡品牌:<br>
<input  type="checkbox" name="ck" value="0">雀巢
<input  type="checkbox" name="ck" value="1">麦斯威尔
<input  type="checkbox" name="ck" value="2">摩卡<br>
<input type="button" value="全部选中" onClick="fun(true)" >   
<input type="button" value="全不选中" onClick="fun(false)">
</form></body></html>
```

文档对象还有个方法叫getElementsByTagName()，输入参数是HTML文档标签的名字，同样也是返回一个节点元素数组。例如，document.getElementsByTagName("table");将返回HTML文档中的所有表格对象组成的数组。如果想得到第一个表格对象，可以使用document.getElementsByTagName("table")[0]。详细的使用读者自己试试看。

parentNode、firstChild 及 lastChild 三个属性可遵循文档的结构，在文档中进行“短距离的旅行”，如示例 6-4 所示的 HTML 代码片段。

示例 6-4：

```
<table>
  <tr><td>中国</td><td>美国</td><td>俄罗斯</td></tr>
</table>
```

在上面的 HTML 代码中，第一个<td>是<tr>元素的首个子元素(firstChild)，而最后一个<td>是<tr>元素的最后一个子元素(lastChild)。此外，<tr>是每个<td>元素的父节点(parentNode)。

6.1.4 IE 浏览器对 DOM 的支持

基本上所有浏览器都支持 DOM，MS IE 从 4.0 以后的版本开始全面支持 DOM。图 6-2 显示了 IE 对 DOM 的支持，这也是 IE 浏览器对象的分层模型。

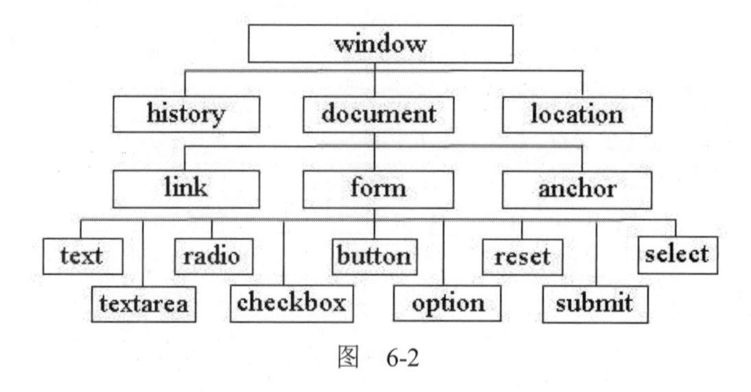

图 6-2

打开 google 站点窗口，找到浏览器对象分层模型对应的对象，如图 6-3 所示。

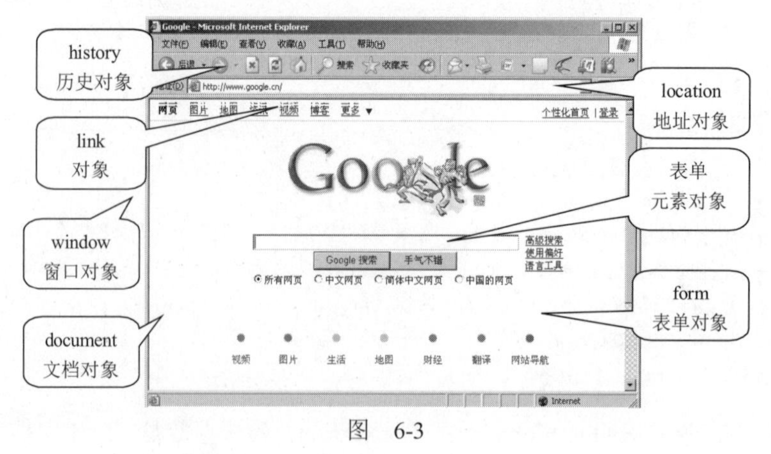

图 6-3

下面将重点介绍浏览器对象模型(BOM)。

6.2 Window 对象

Window 对象是客户端 JavaScript 程序的全局对象，如图 6-3 所示，它还是客户端对象层次的根。每个浏览器窗口及窗口中的框架都是由 Window 对象表示的，每打开一个浏览器窗口，实际上在内存中就创建了一个 Window 对象。要引用当前窗口根本不需要特殊的语法，可以把该窗口的属性作为全局变量来使用。例如，常常只写 document，而不必写 window.document。Window 对象定义了许多属性和方法，这些属性和方法在客户端 JavaScript 程序中应用非常广泛。这里简要介绍一下 Window 对象最常用的属性和方法。

6.2.1 Window 对象的属性

Window 对象的属性如表 6-2 所示。

表 6-2　Window 对象的属性

属性名称	说明
closed	一个布尔值，只有当窗口被关闭时，它才为 true
status	在浏览器状态栏中显示的文本
document	对 Document 对象的引用，该对象代表在窗口中显示的 HTML 文档
frames[]	Window 对象的数组，代表窗口中的各个框架(如果存在)
history	对 History 对象的引用，该对象代表用户浏览窗口的历史
location	对 Location 对象的引用。该对象代表在窗口中显示的文档的 URL。设置这个属性会引发浏览器装载一个新文档
name	窗口的名称。可被 HTML 标记<a>的 target 性质使用
opener	对打开当前窗口的 Window 对象的引用。如果当前窗口被用户打开，则它的值为 null
parent	如果当前窗口是框架，它就是对窗口中包含这个框架的引用
self	自引用属性，是对当前 Window 对象的引用，与 window 属性同义
top	如果当前窗口是框架，它就是对包含这个框架的顶级窗口的 Window 对象的引用。注意，对于嵌套在其他框架中的框架，top 不等于 parent
window	自引用属性，是对当前 Window 对象的引用，与 self 属性同义

6.2.2 Window 对象的常用方法

Window 对象的常用方法如表 6-3 所示。

表 6-3　Window 对象的常用方法

方法名称	说明
alert("提示信息")	显示一个带有提示信息和确定按钮的模态对话框
confirm("提示信息")	显示一个带有提示信息、【确定】和【取消】按钮的对话框，单击【确定】按钮返回 true，单击【取消】按钮返回 false
prompt("提示信息","")	显示一个带有提示信息和默认值输入对话框，输入的内容作为返回值

(续表)

方法名称	说明
close()	关闭当前窗口
open("url","name","窗口特征")	打开新的非模态窗口，用指定的特性显示指定的 URL
showModalDialog("url","name", "窗口特征")	打开新的模态窗口，用指定的特性显示指定的 URL
setInterval("函数","时间") clearInterval()	在指定的时间间隔内，重复调用的函数 清除该函数
setTimeout("函数","时间") clearTimeout()	设置定时器，在指定的若干毫秒后要调用一次的函数 清除定时器

6.2.3 Window 对象综合实例

1. 打开用户定制的窗口

打开定制的窗口就是自己确定窗口的大小，有没有地址栏、菜单栏、工具栏和滚动条等，甚至在状态栏显示一些信息。窗口的特征如表 6-4 所示，可以任意组合。

表 6-4　窗口的特征

特征	说明
height	窗口高度
width	窗口宽度
top	窗口距离屏幕上方的像素值
left	窗口距离屏幕左侧的像素值
toolbar	是否显示工具栏，yes 或 1 为显示
menubar	是否显示菜单栏，yes 或 1 为显示
scrollbars	是否显示滚动条，yes 或 1 为显示
resizable	是否允许改变窗口大小，yes 或 1 为允许
location	是否显示地址栏，yes 或 1 为显示
status	是否显示状态栏内的信息，yes 或 1 为显示
fullscreen	是否显示为全屏，yes 或 1 为显示

代码如示例 6-5 所示，新窗口代码如示例 6-6 所示。

示例 6-5：

```
<html>
  <head>
  <meta charset="utf-8"/>
    <title>打开定制的窗口</title>
    <script type="text/javascript">
      function fun() {
        alert(1)
```

```
            var w = document.myform.width0.value;
            var h = document.myform.height0.value;
            var menu = 0;
            var tool = 0;
            var sc = 0;
            var st = 0;
            var mes = "";
            if(document.myform.ck[0].checked) {
              menu = 1;
            }
            if(document.myform.ck[1].checked) {
              tool = 1;
            }
            if(document.myform.ck[2].checked) {
              sc = 1;
            }
            if(document.myform.ck[3].checked) {
              st = 1;
            }
            mes = document.myform.message.value;
            var con = "width=" + w + ",height= " + h + ",menuBar=" + menu + ",toolBar = " + tool ;
            scrollBars = sc+ ", status = " + st;
            var newWin = window.open("new_file.html", "new", con);
            newWin.status = mes;
        }
      </script>
    </head>

    <body>
      <form name="myform">
          请定制你要显示的窗口:<br> 窗口的大小:
          <input type="text" name="width0" size="5">宽度
          <input type="text" name="height0" size="5">高度<br> 是否需要:
          <input type="checkbox" name="ck" value="0">菜单栏
          <input type="checkbox" name="ck" value="1">工具栏
          <input type="checkbox" name="ck" value="2">滚动条
          <input type="checkbox" name="ck" value="3">状态栏<br> 状态栏的文本:
          <input type="text" name="message"><br><br>
          <input type="button" value="打开定制新窗口" onclick="fun()">
      </form>
    </body>
</html>
```

示例 6-6:

```
<html>
<head>
<meta charset="utf-8"/>
```

```
<title>新窗口</title>
</head>
<body>
<p>同</p><p>一</p><p>个</p><p>世</p><p>界</p><p>!</p>
<p>同</p><p>一</p><p>个</p><p>梦</p><p>想</p><p>!</p>
</body>
</html>
```

运行示例 6-5，结果如图 6-4 所示。

输入要定制的窗口大小，选择菜单栏或工具栏、滚动条、状态栏和要显示的文本，单击【打开定制新窗口】按钮，显示结果如图 6-5 所示。

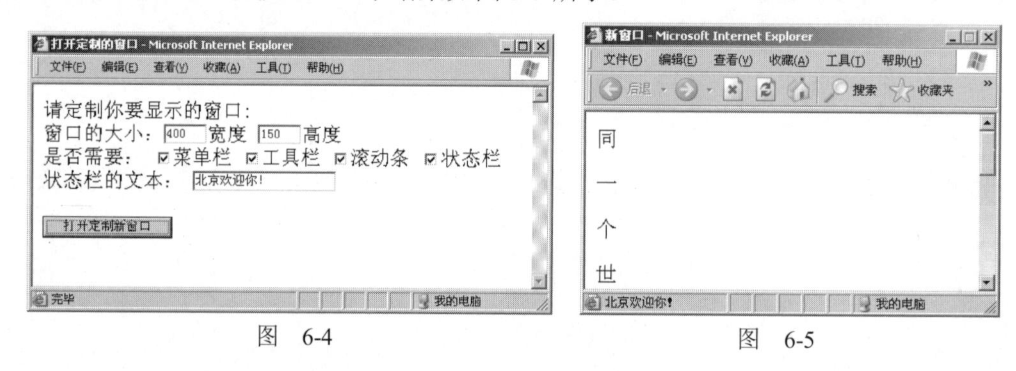

图 6-4　　　　图 6-5

2. 把子窗口的值传回到父窗口

有时在程序中，在一个窗口中打开一个子窗口，在关闭子窗口时，希望把子窗口的值传回给父窗口。这里使用 window.showModalDialog() 方法打开模态窗口，使用 window.returnValue 属性把子窗口关闭后的值传给父窗口。注意，打开指定模态窗口特征和非模态有不同，宽和高分别使用 dialogWidth 和 dialogHeight 属性指定，并且值需要 px 作为单位。且 showModalDialog 与 returnValue 存在兼容问题，采用 IE 内核的浏览器支持该方式，但采用谷歌内核的浏览器(如 Chrome)不支持，谷歌需写兼容。代码如示例 6-7 所示，运行结果如图 6-6 所示。

示例 6-7：

```
<html >
<head>
<meta charset="utf-8"/>
<title>订单信息</title>
</head>
<script type="text/javascript">
<!--
function openWindow()
{
   var val = window.showModalDialog("showAdd.html","","dialogHeight=180px;dialogWidth=300px,
resizable=no"); //注意和非模态窗口的区别
      document.form1.add.value = val ;
```

```
}
//->
</script>
<body>
<form name="form1">
您的本次订单号码是：2008081400<br>
订购了以下商品：
<li>小天鹅洗衣机 1 台 800 元
<li>TCL 32 寸液晶电视 1 台 5000 元
<li>步步高 DVD 1 台 400 元
<br><br>
请输入你的送货地址<br>
<input type="text"  name="add"/>
<a  href="javascript:openWindow();">选择送货地址</a><br><br>
<input type="button" value="确认订单" >
</form>
</body>
</html>
```

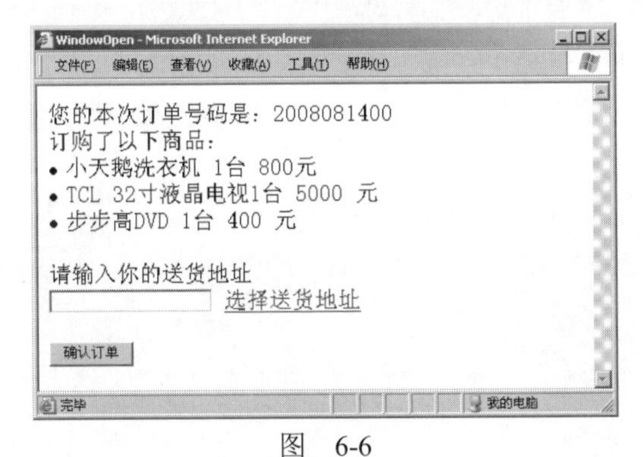

图　6-6

单击【选择送货地址】超链接，显示如图 6-7 所示，选择省份和城市，输入街道和门牌号后，单击【选择】按钮，地址将传回给父窗口。代码示例 6-8 所示，运行结果如图 6-8 所示。

示例 6-8：

```
<html>
<head>
<meta http-equiv="Content-Type"  charset="utf-8"  />
<title>子窗口</title>
</head>
<script type="text/javascript">
<!--
function closeWindow()
{
    var pro =  document.myform. province.value ;
  var ci = document.myform.city.value ;
```

```
    var st   = document.myform.street.value ;
    var doo = document.myform.door.value ;
    window.close();
    window.returnValue =   pro + ci +st + doo;
}
//-->
</script>
<body>
<form name="myform" >
请选择省份:<select name="province">
<option value="湖北省">湖北省</option>
<option value="湖北省">湖南省</option>
<option value="湖北省">河南省</option>
</select><br>
请选择城市:<select name="city">
<option value="武汉市">武汉市</option>
<option value="天门市">天门市</option>
<option value="郑州市">郑州市</option>
<option value="开封市">开封市</option>
<option value="长沙市">长沙市</option>
<option value="衡阳市">衡阳市</option>
</select><br>
街　道：<input name="street" type="text" ><br>
门牌号:<input name="door" type="text" ><br>
<input type="button" value="选择" onclick="closeWindow()"/>
</form>
<br />
</body>
</html>
```

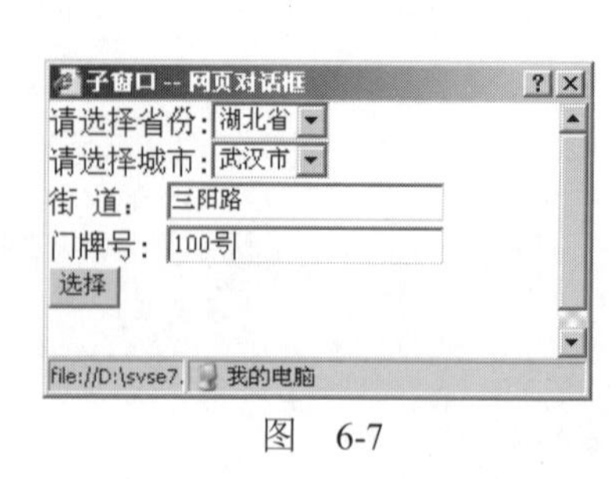

图　6-7

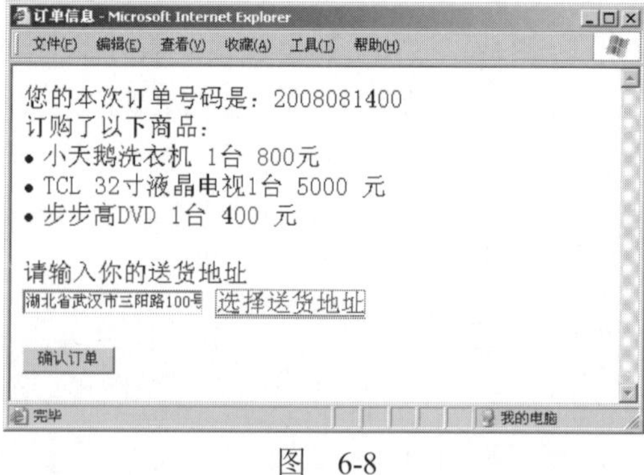

图　6-8

6.3 Document 对象

每个Window对象都有document 属性。该属性引用表示在窗口中显示的HTML文档的Document对象。Document对象是客户端JavaScript中最常用的对象。前面已经用过Document

对象的write()方法在文档被解析时将动态内容插入文档。除常用的write()方法外，Document对象还定义了提供文档整体信息的属性，如文档的URL、最后修改日期、文档要链接到的URL、显示文档的颜色等。

客户端JavaScript可以把静态HTML文档转换成交互式的程序，因为Document对象给了它交互访问静态文档内容的能力。除提供文档整体信息的属性外，Document对象还有大量的重要属性，这些属性提供文档内容的信息。例如，forms[]数组存放的Form对象表示文档中的所有表单。images[]数组和applets[]数组存放的是表示文档中的图像和小程序的对象。这些数组和它们存放的对象使客户端JavaScript程序创造了各种可能性。

下面来了解一下 Document 对象的重要属性和方法。

6.3.1　Document 对象的属性

Document 对象的属性如表 6-5 所示。

表 6-5　Document 对象的属性

属性名称	说明
alinkColor	用户单击该链接的颜色，对应<body>的 alink 属性
linkColor	未被访问过的链接的颜色，对应<body>的 link 属性
vlinkColor	被访问过的链接的颜色，对应<body>的 vlink 属性
bgColor	文档的背景颜色，对应于标记<body>标签的 bgcolor 属性
fgColor	前景即文本颜色
title	位于文档的标记<title>和</title>之间的文本
cookie	记录访问站点的文本文件
URL	文档的 URL 地址，与 Window 对象的属性 location.href 相同
anchors[]	所有 Anchor 对象的数组，数组元素代表文档中的<a name>标签
forms[]	所有 Form 对象的数组，数组元素代表文档中的<form>标签
images[]	所有 Image 对象的数组，数组元素代表文档中的<img>标签
links[]	所有超链接对象的数组，数组元素代表文档中的<a>标签

6.3.2　Document 对象的方法

Document 对象的方法如表 6-6 所示。

表 6-6　Document 对象的方法

方法名称	说明
open()	产生一个新文档，擦掉已有的文档内容
close()	关闭或结束 open()方法打开的文档
write("文本信息")	把文本信息输出到当前打开的文档
writeln("文本信息")	把文本信息输出到当前打开的文档，并附加一个换行符

6.3.3 Document 对象的颜色属性

Document对象的bgColor属性、fgColor属性、linkColor属性、alinkColor属性和vlinkColor属性分别指定了文档的前景颜色、背景颜色和链接颜色。虽然这些属性是可读可写的，但是只能在解析<body>标记之前设置它们。可以在文档的<head>部分使用JavaScript代码对它们进行动态设置，也可以将它们作为标记<body>的性质进行静态设置。除此之外，不能在别的地方设置这些属性。这一规则有一个例外，那就是属性bgColor。在许多浏览器中，可以随时设置这个属性，这样会引发浏览器窗口的背景颜色改变。除了bgColor属性，Document对象的其他颜色属性只影响<body>标记的性质，基本上没有其他作用。

6.3.4 Document 对象的集合属性

Document 对象的集合属性是基于数组的，提供对象的数组。在一个文档中，可以有多个 form 表单、超链接和锚点、图像。

1. 表单数组

Document 对象的 forms[]数组包含文档中的所有 Form 对象，数组中的每个元素代表文档中的一个<form>标签。由于每个表单中都可能包含有按钮、文本输入、下拉框等表单元素。所以使用 Form 对象的 elements[]属性来代表表单中的元素。示例 6-9 所示的代码显示了如何引用 form 表单和表单的元素。

示例 6-9：

```
<html>
<head>
<meta charset="utf-8"/>
<title>form 表单的使用</title>
</head>
<script type="text/javascript">
<!--
function pressMe ()
{
    //取 f1 表单中 message 输入框的值，前面使用 document.f1. message.value
        //也可以使用 document.forms["f1"]. elements[0].value
var val   = document.forms[0]. elements[0].value;
//设置 f2 表单中 show 输入框的值，前面使用 document.f2. show.value
        document.forms[1]. elements[0].value = val;
}
//-->
</script>
<body>
<form name = "f1">
```

```
<input type= "text" name= "message">
<input type= "button" value= "按下我的传递值" onclick= "pressMe()">
</form>
<form name = "f2">
<input type= "text" name= "show">
</form>
</body>
</html>
```

2. 图像数组

Document 对象的 images[] 属性是一个 Image 对象的数组，数组中的每个元素代表文档中每个<img>标签。Image 对象的 src 属性既可读又可写。可以读取这一属性获得图像来源的 URL，还可以设置 src 属性使浏览器装载一个新图像并显示在同一个地方。注意，新图像必须和原始图像具有相同的宽度和高度。示例 6-10 实现了单元三中学过的时钟显示，这次使用数码显示。

示例 6-10：

```
<html>
<head>
<meta charset="utf-8"/>
<title>数码显示时钟</title>
<script type="text/javascript">
<!--
function clock()
{
   var time = new Date();
   var hour = time.getHours();
   var minute = time.getMinutes();
   var second = time.getSeconds();
//时、分、秒小于 10 时，在前面补 0
   hour = hour>=10?hour:("0"+hour);
      minute   = minute >=10 ?minute :("0"+minute);
second = second >=10 ?second :("0"+second) ;
//hour、minute、second 都是 number 类型，要转成 string 类型
   var hou = new String(hour);
   var n11 = hou.substr(0,1); //取小时的第 1 位数字
   var n21 = hou.substr(1,1); //取小时的第 2 位数字
   var minu = new String(minute);
   var n31 = minu.substr(0,1); //取分钟的第 1 位数字
   var n41 = minu.substr(1,1); //取分钟的第 2 位数字
   var sec   =   new String(second);
   var n51 = sec.substr(0,1); //取秒的第 1 位数字
   var n61 = sec.substr(1,1); //取秒的第 2 位数字
     //根据时分秒的数字分别取对应的图像
```

```
    document.images[0].src="lcd/"+n11+".gif";
    document.images[1].src="lcd/"+n21+".gif";
//第 3 幅图像不变
      document.images[3].src="lcd/"+n31+".gif";
    document.images[4].src="lcd/"+n41+".gif";
//第 5 幅图像不变
    document.images[6].src="lcd/"+n51+".gif";
    document.images[7].src="lcd/"+n61+".gif";
    setTimeout("clock()",1000);      //定时反复地执行
}
//-->
</script>
</head>
<body onLoad="clock()">
<!--  8 个图像分别显示时、分、秒及它们之间的分隔 -->
<img src="lcd/0.gif"/><img src="lcd/0.gif"/>
<img src="lcd/dot.gif"/>
<img src="lcd/0.gif"/><img src="lcd/0.gif"/>
<img src="lcd/dot.gif"/>
<img src="lcd/0.gif"/><img src="lcd/0.gif"/>
</body>
</html>
```

实现的结果如图 6-9 所示。

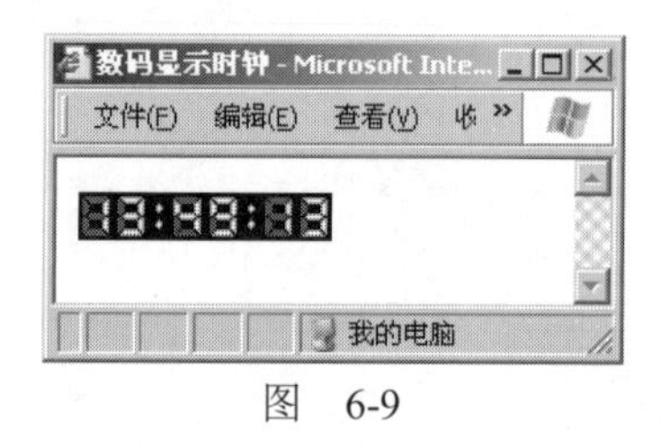

图 6-9

3. 超链接数组和锚数组

Document 对象的 links[]属性是一个 Link 对象的数组，数组中的每个元素代表文档中每个<a href="">标签。anchors[]属性是一个 Anchor 对象的数组，数组中的每个元素代表文档中每个<a name="">标签。已经学习过，HTML 的超文本链接是由标记<a>的属性 href 设置的，锚点是由标记<a>的属性 name 设置的。Link 对象代表超文本链接的 URL。示例 6-11 所示的代码实现了列出当前窗口的所有链接信息和锚点信息。注意，JavaScript 的位置不是放在<head>标签中的。想想，为什么？

示例 6-11：

```
<html>
<head>
<meta charset="utf-8"/>
```

```
<title>显示所有超链接和锚点</title>
</head>
<body>
<h1>Document Object Model (DOM)</h1>
<ol>
<li><a href="#new" >What's new?</a></li>
<li><a href ="#what">What is the Document Object Model?</a></li>
<li><a href ="#why">Why the Document Object Model?</a></li>
</ol>
<a name="new" ><h2>What's new?</h2></a>
20080122: The Document Object Model Activity is closed. The Document Object Model Working Group
was closed in the Spring of 2004, after the completion of the DOM Level 3 Recommendations...<br />
<a name="what"><h2>What is the Document Object Model?</h2></a>
The Document Object Model is a platform- and language-neutral interface that will allow programs and
scripts to dynamically access and update the content, structure and style of documents...<br />
<a name= "why"><h2>Why the Document Object Model?</h2></a>
"Dynamic HTML" is a term used by some vendors to describe the combination of HTML, style sheets and
scripts that allows documents to be animated…<br>
<h2>友情链接</h2>
<ol>
<li><a href="http://www.sina.com.cn">新浪</a>
<li><a href="http://www.sohu.com">搜狐</a>
</ol>
<script type="text/javascript">
<!--
   document.write("页面中定义了"+ document.links.length +"个超链接：<ol>");
   for (var i = 0; i < document.links.length; i++)
   {
   document.write("<li>"+document.links[i].href);
   }
   document.write("</ol>页面中定义了"+document.anchors.length+"个锚点：<ol>");
   for(var k = 0 ; k<document.anchors.length ; k++)
   {
       document.write("<li>"+document.anchors[k].name);
   }
   document.write("</ol>");
//-->
</script>
</body>
</html>
```

结果如图 6-10 所示。

在单元四的上机练习“第二阶段”中，使用正则和支持正则的字符串方法提取页面中的所有超链接。实现这个功能很复杂，现在使用超链接数组就变得简单多了。

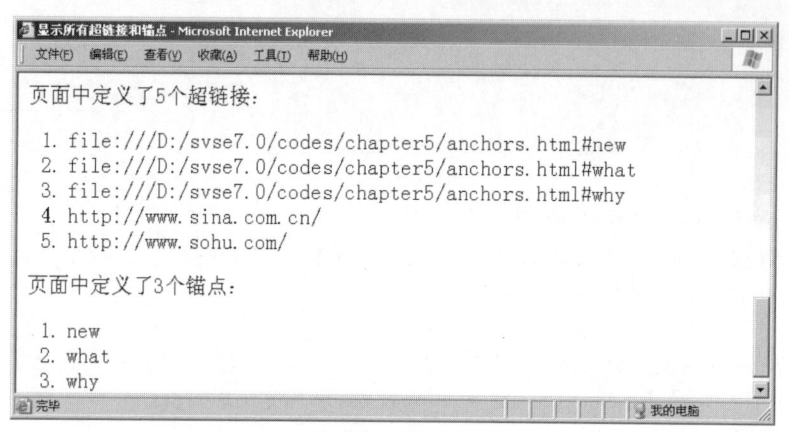

图 6-10

6.4 Location 对象

Window 的 location 属性引用的是文档的 Location 对象，它代表该窗口中当前显示的文档的 URL。Location 对象的属性如表 6-7 所示。

表 6-7 Location 对象的属性

属性名称	说明
host	设置或检索位置或 URL 的主机名和端口号
hostname	设置或检索位置或 URL 的主机名部分
href	设置或检索完整的 URL 字符串
protocol	使用的协议，常见的是 http、ftp、file、mailto、javascript
search	URL 中问号之后的部分，通常是某种类型的查询字符串
hash	以字符“#”开始指向一个位于文档中的 anchor，使浏览器打一个新的 URL

Location 对象的方法如表 6-8 所示。

表 6-8 Location 对象的方法

方法名称	说明
assign("url")	加载 URL 指定的新的 HTML 文档
reload()	重新加载当前页
replace("url")	通过加载 URL 指定的文档来替换当前文档

Location 对象除它的属性外，自身也可以被用作一个原始字符串值。有时候，读取一个 Location 对象的值而得到的字符串和读取该对象的 href 属性值会相同。这样，若将一个新的 URL 地址字符串赋给 window.location 属性，就会引起浏览器装载并显示指定的 URL 的页面内容。示例 6-12 实现了将一个 URL 赋给 window 的 location 属性，页面转到新浪的站点。

示例 6-12：

```
<html>
<head>
<meta charset="utf-8"/>
<title>使用 window 的 location 属性</title>
</head>
<script type="text/javascript">
function changeURL()
{
  window.location = "http://www.sina.com.cn";
}
</script>
<body>
<input type="button" value="转到新浪" onclick=" changeURL ()"/>
</body>
</html>
```

在使用 Location 对象时要注意的是，不要混淆 Window 对象的 location 属性和 Document 对象的 location 属性，前者引用一个 Location 对象，而后者只是一个只读字符串，并不具有 Location 对象的任何特性。document.location 与 document.URL 是同义的。

6.5 History 对象

Window 对象的 history 属性引用的是该窗口的 History 对象。当在 Internet 上进行网上冲浪时，浏览器会自动维护一个用户最近访问的URL列表，这个列表就是History对象。History 对象的 length 属性可以被访问，但是它不能提供任何有用信息。

尽管 History 对象的数组元素不能被访问，但它支持三种方法，如表 6-9 所示。

表 6-9　History 对象支持的三种方法

方法名称	说明
back()	加载 History 列表中的上一个 URL，相当于后退按钮
forward( )	加载 History 列表中的下一个 URL，相当于前进按钮
go("url" or 数字)	加载 History 列表中的一个 URL，或要求浏览器移动指定的页面数。go(1)代表前进一页，等价于 forward( )方法；go(-1)代表后退一页，等价于 back( )方法

方法 back()和 forward()可以在窗口的浏览历史中前后移动，用前面浏览过的文档替换当前显示的文档，这与用户单击浏览器的【后退】和【前进】按钮的作用相同。而 go()方法有一个整数参数，可以在历史列表中向前或向后跳过多个页。

【单元小结】

- 理解 Web 浏览器环境。

- 理解文档对象模型的基本概念。
- Window 对象的属性和方法。
- Document 对象的属性和方法。
- Location 对象的概念，href 属性。
- History 对象的 back()、forward()和 go()方法。

【单元自测】

1. (　　)是浏览器的顶级对象。

   A. Window　　B. Document　　C. Location　　D. History

2. (　　)对象表示浏览器窗口中的 HTML 对象。

   A. Window　　B. Document　　C. Location　　D. History

3. (　　)提供了用户最近访问的地址列表。

   A. Window　　B. Document　　C. Location　　D. History

4. 在 JavaScript 中，(　　)设置或者取消在指定的若干毫秒后要调用一次的函数。

   A. setInterval()　　B. setTimeout()　　C. clearTimeout()

5. (　　)属性表示在浏览器状态栏中显示的文本。

   A. status　　B. parent　　C. opener　　D. window

【上机实战】

上机目标

- 掌握 Window 对象的属性和方法
- 掌握 Document 对象的属性和方法
- 掌握 Location 对象的属性和方法
- 掌握 History 对象的属性和方法

上机练习

◆ 第一阶段 ◆

练习 1：使用 Document 对象制作随机漂浮的广告

【问题描述】

在一些商业站点和门户站点上，经常会看到广告，而且这些广告的位置是随机的，如图 6-11 中 http://www.51job.com 站点中漂浮的三星电子的招聘广告。

图　6-11

【问题分析】

漂浮的广告，实际上可以使用层(<div>)来实现。把广告图片放在层标签中，并且设置广告层位于页面的上面，同时随机地改变层的位置，就实现了广告层的漂浮效果。

(1) 使用 document.getElementById("层的 id")得到层。

(2) 使用层<div id="id0" style="position:absolute;left:50px;top:70px;width:80px;height:80px;z-index:1">来设置层的初始位置、层的大小和层位于页面上方。

(3) 使用 Math.random()方法来产生随机数，用来改变层的位置。<div>的 style 属性的 top 和 pixelTop 的区别：top 的值需要数字+单位 px，pixelTop 的值不需要单位 px。

【参考步骤】

(1) 新建一个页面，在页面中插入层标签，设置层的样式，把广告图片添加到层。

(2) 编写函数 move()，在函数中取得层，使用产生的随机数改变层的位置。

(3) 使用定时器，隔一段时间调用 move()函数。代码如示例 6-13 所示。

示例 6-13：

```
<html>
<head>
<meta charset="utf-8"/>
<title>漂浮广告</title>
<script type="text/javascript">
  function move(){
  var   piaofu = document.getElementById("id0");
  var w = Math.round(Math.random()*100);
  var h = Math.round(Math.random()*100);
  piaofu.style.pixelTop = w ;
  piaofu.style.pixelLeft = h ;
  setTimeout("move()",800);
  }
</script>
</head>
```

```
<body background="back.bmp" onLoad="move()">
<div id="id0" style="position:absolute; left:50px; top:70px; width:80px; height:80px; z-index:1">
  <img src="ad.gif" alt="广告" />
</div>
</body>
</html>
```

练习 2：给宠物起名

【问题描述】

现在要实现一个程序，给宠物起名字。第一个页面有个宠物列表，如图 6-12 所示，分别有超链接来给每个宠物起名字，单击超链接，弹出输入名字的第二个网页，如图 6-13 所示，输入名字，单击【确定】按钮，并在第一个页面中显示输入的宠物的名字，如图 6-14 所示。

图 6-12

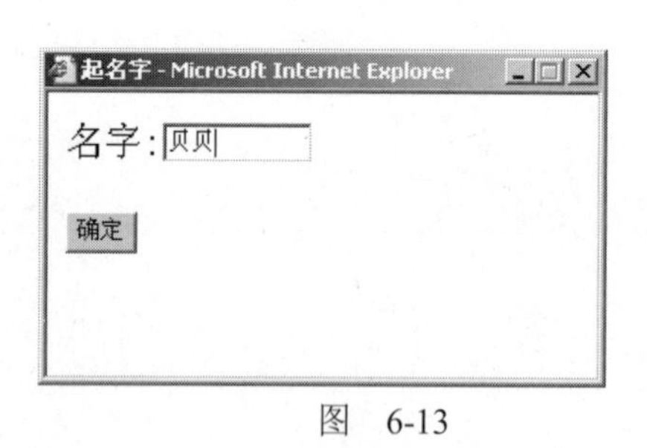

图 6-13

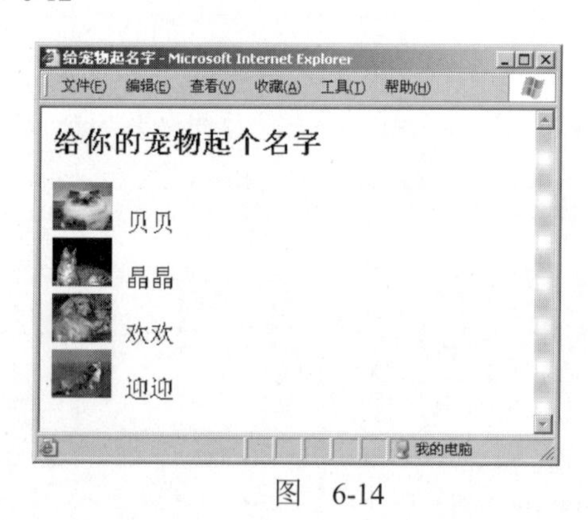

图 6-14

【问题分析】

理论课中，学习了使用模态对话框的 window.returnValue 来实现在子窗口向父窗口传值。本例中也可以使用理论课中的方法。在示例中，使用 Window 对象的 opener 属性来实现该功能。

(1) 单击超链接后，需要改变超链接的文本，使用 innerText。

(2) 在子窗口调用父窗口定义的函数，使用 window.opener 属性来完成。

(3) 超链接调用函数，使用“javascript:函数名”来完成。innerText、innerHTML、outterText作为 HTML 节点的属性，用来动态改变节点的文本。可是不被 W3C 正式采纳为 DOM 的一部分，却有很多浏览器支持它。

【参考步骤】

(1) 新建两个 HTML 页面，父页面叫 pet.html，用来显示宠物列表，每个宠物后面跟着超链接。

(2) 建立页面 givename.html，页面内新建文本框和一个按钮，并给按钮添加 onclick 事件，使用 window.opener 来调用父窗口的函数。代码如示例 6-14 和示例 6-15 所示。

示例 6-14：

```
<html >
<head>
<meta charset="utf-8"/>
<title>给宠物起名字</title>
</head>
<script type="text/javascript">
var petid ;
function showName(pid)
{
  var w = window.open("givename.html","","width=300, height=150");
    petid = pid ;
}
function setPetName(pname)
{
  document.getElementById(petid).innerHTML = pname;
}
</script>
<body>
<h3>给你的宠物起个名字</h3>
<img src="pets/cat.jpg"    width=50 height="40" />
<a href="javascript:showName('cat')" id="cat">给它一个名字</a>
<br />
<img src="pets/cat1.jpg" width=50 height="40"/>
  <a href="javascript:showName('cat1')" id="cat1">给它一个名字</a>
<br />
<img src="pets/dog.jpg" width=50 height="40" />
  <a href="javascript:showName('dog')" id="dog">给它一个名字</a>
<br />
<img src="pets/dog1.jpg"    width=50 height="40"/>
  <a href="javascript:showName('dog1')" id="dog1">给它一个名字</a>
<br />
</body>
</html>
```

示例 6-15：

```
<html>
<head>
<meta charset="utf-8"/>
<title>起名字</title>
</head>
<script type="text/javascript">
function closeWindow()
{
    var pName = document.myform.petName.value;
    opener.setPetName(pName);
    window.close();
}
</script>
<body>
<form name="myform" >
名字:<input type="text" name="petName" size="10" />
<br/>
<input type="button" value="确定" onClick="closeWindow()">
</form>
</body>
</html>
```

◆ 第二阶段 ◆

练习 3：改写练习 1 的代码，使广告图片在页面内逆时针移动

【问题描述】

广告图片在页面内逆时针移动，页面打开，广告图片初始位置在页面的左上角，随后，沿着页面的 x 轴移动到页面的右边界，改变方向，沿页面的 y 轴负向移动到页面的下边界，再次改变方向，沿 x 轴负方向移动到页面的左边界，改变方向，沿 y 轴正向移动，回到初始位置。然后，再次循环移动。

【问题分析】

(1) 同练习 1 一样，使用层，在层中放置广告图片并使用定时器隔一段时间改变层的位置。

(2) 不同的是，本练习实现层位置的改变的方式要复杂些。可以使用两个变量 gox 和 goy 来表示图片移动的方向，gox = 1 表示沿 x 轴正方向移动，goy = -1 表示沿 y 轴负方向移动，使用变量 speed 来表示图片移动的速度。使用多个判断来实现当图片到达边界时改变图片移动的方向。

(3) window.document.body.offsetWidth 和 window.document.body.offsetHeight 来表示打开页面窗口的宽度和高度。

【拓展作业】

(1) 使用 JavaScript 在页面的状态栏显示动态时间，最小单位是秒。

(2) 编写一个 JavaScript 程序，实现倒计时载入页面。

(3) 使用 JavaScript 实现一个打字机字符输出效果。

(4) 编写一个页面，让“欢迎来到我的网站”这段文字一直跟随在鼠标光标的右边。

单元 七

JavaScript 事件及应用

课程目标

- 掌握事件处理的概念
- 掌握事件基本模型和表单元素的常用事件
- 使用表单元素验证用户输入

简介

事件是指用户在网页上执行的某项操作，例如，窗口被用户关闭，在页面的某个区域单击、按下键盘上的某个按键等。当某个事件产生时，会触发相应的事件处理程序来响应该事件。通过创建事件的处理程序，可以提高用户和网页的交互性。本单元将介绍浏览器支持的事件和与该事件对应的事件处理程序及事件在表单验证中的应用。

7.1　事件与事件处理概述

在一个 Web 页面中，浏览器能够捕获事件并调用 JavaScript 代码来响应该事件。例如，当用户单击页面上的某个按钮或鼠标指针经过某个图片时，浏览器就会调用相应的 JavaScript 代码来处理按钮事件和鼠标事件。事件将用户和 Web 页面连接在一起，使页面可以与用户进行交互，响应用户的操作。

事件是页面上的某种操作，事件的源头来自用户。当用户按下鼠标左键或者在页面上移动鼠标时，便产生了鼠标事件；当用户按下键盘上的某个键时，就产生了键盘事件；当浏览器的窗口被加载或窗口关闭时，就产生了窗口事件；提交一个表单，就产生按钮事件，等等。所有的这些事件被浏览器感知并捕获。除鼠标事件和键盘事件外，大多数的浏览器也支持类似 onresize 和 onload 这样的事件，前者是改变当前活动窗口的大小时触发，后者是载入文档完成后触发。

与 Java 事件一样，JavaScript 中的事件也是注册事件，页面的某个组件注册了某种事件，并且与该事件绑定了相应的事件处理程序。一旦浏览器捕获到与这个组件注册的事件产生，就自动触发绑定的事件处理程序。看起来，浏览器很智能，它无时无刻不在感知和捕获页面事件，但是，它只对注册过的事件感兴趣。所谓事件处理，其实就是一段 JavaScript 代码的执行过程，它总是与页面中的某个组件相关联。

在 JavaScript 中，事件名称由事件类型外加一个 on 前缀构成，例如，onclick 就是“单击”事件。大多数事件通过名称就可以猜出其含义，如 onmousedown、ondblclick 等，但也有少数事件的名字不易理解，如 onblur 表示一个元素失去焦点时触发的事件。事件的注册是指把事件的名称作为页面中某个组件的属性，例如，表单的按钮事件的注册使用<input type="button" value="确定" onclick="doCheck()">来实现，当按钮被单击时就会调用 doCheck()函数，执行函数中的代码。

7.2　JavaScript 事件的注册

在 JavaScript 中注册事件通常使用下面两种方法。

(1) 将事件绑定到页面元素的属性。

(2) 将事件绑定到对象的属性。

7.2.1 事件注册：绑定到页面元素属性

HTML 支持对绝大多数页面元素进行事件绑定，这些绑定通常将事件作为元素的属性来使用。语法如下：

```
<元素 事件="JavaScript 代码">
```

当与之绑定的对象有相应事件发生时就会执行相应的 JavaScript 代码。示例7-1实现了单击页面中的超链接就会弹出一个消息框。

示例 7-1：

```
<html>
<head>
<meta charset="utf-8" />
<title>事件注册</title>
</head>
<body>
  <a href="#" onclick="alert('恭喜！你中了 500 万元大奖!')">点我看看</a>
</body>
</html>
```

运行结果如图 7-1 所示。

把事件绑定到页面元素属性上有一个优点，即可以把本元素作为实参传递给事件处理函数的形参，使用 this 关键字作为对本元素对象的引用。示例 7-2 演示了 this 关键字的用法，上机部分练习 1 也使用了 this 作为参数。

示例 7-2：

```
<html>
<head>
<meta charset="utf-8" />
<title>this 关键字</title>
<script type="text/javascript">
function conToUp(textbox)
{
  document.form1.upper.value = textbox.value.toUpperCase();//this 表示文本框
}
//-->
</script>
</head>
<body>
<form name="form1" method="post" action="">
  小写：<input name="lower" type="text" onblur="conToUp(this)"><br>
  大写：<input name="upper" type="text" >
</form>
```

```
</body></html>
```

运行上面的代码，在“小写”文本框中输入字母，当该文本框失去焦点时，文本框中的所有字符就会以大写形式出现在“大写”文本框中，如图 7-2 所示。

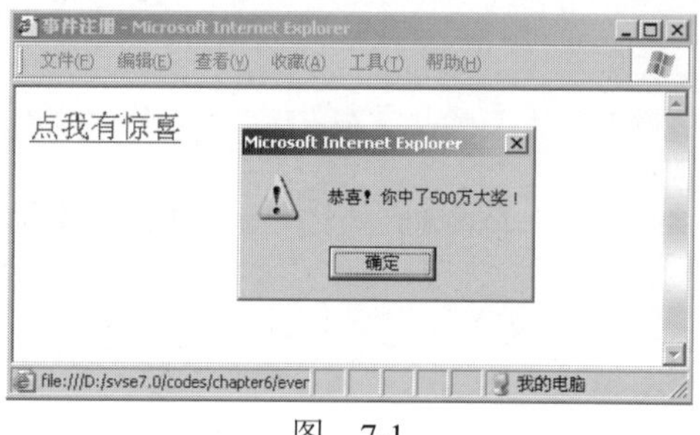

图 7-1

图 7-2

代码<input name="lower" type="text" onblur="conToUp(this)">中 onblur 事件表示当“小写”文本框失去焦点时，调用 conToUp()函数，参数 this 指“小写”文本框元素。

注意，在函数中 this 关键字特指 Document 对象，在非函数代码中 this 指代码所属的对象。

7.2.2 事件注册：绑定到对象的属性

在 JavaScript 中，对象的部分属性是与其事件相对应的。例如，onmouseover 属性就与 onmouseout 事件对应，当把一个函数的引用赋值给一个事件属性时，就发生了绑定，也就给这个对象注册了事件。函数的引用是指函数的名称，但是不带函数定义中的括号。示例 7-3 实现了在页面上按下鼠标键时会弹出一个对话框。

示例 7-3：

```
<html>
<head>
<meta charset="utf-8" />
<title>使用 JavaScript 绑定事件</title>
<script type="text/javascript">
function down()
{
  alert("你点击了鼠标!");
}
document.onmousedown=down;
</script>
</head>
<body>
</body>
</html>
```

上面的代码使用 document.onmousedown = down 语句给页面注册了鼠标按下事件，当用户在页面中单击鼠标左键或右键时就会调用事件处理的 down()函数，弹出一个消息框，如图 7-3 所示。

图　7-3

绑定事件到对象属性的缺点是：没有办法向事件处理函数传递参数。

7.2.3　事件处理函数的返回值

事件处理函数的返回值可以影响事件的默认动作。取消事件的默认动作可以通过使事件处理函数返回 false 来实现。例如，在网页中添加<body onselectstart="return false;">，则该网页的文字就不能被选中。通常利用将【提交】按钮的 click 事件返回 false 来阻止表单被提交，请看示例代码 7-4。

示例 7-4：

```
<html>
<head>
<meta charset="utf-8" />
<title>不能提交表单</title></head>
<body>
<form name="form1" method="post" action="#">
   姓名：<input name="username" type="text">
  <input   type="submit"   value="提交"   onclick="return false;">
</form>
</body>
</html>
```

通常默认情况下，单击【提交】按钮，表单 form1 中的文本框数据会提交给 action 属性指定的页面。但是，让 onclick 事件处理函数的返回值变成 false，单击【提交】按钮时表单是不会被提交的。

7.3　JavaScript 中常用的事件

JavaScript 中基本的事件模型如表 7-1 所示，所有的浏览器都支持这些事件。对于不同的浏览器如 IE 和 Navigator 而言，它们又分别拥有自己的事件模型。有兴趣的读者可以参考相关的资料。

表 7-1　JavaScript 中基本的事件模型

事件	事件触发时机	标准 XHTML 中支持的元素
onblur	元素失去焦点后	<a><button><input><select><textarea><div><embed><hr><img><marquee><span><table>
onchange	元素值发生改变且已失去焦点后	<input><select><textarea>等
onclick	鼠标在元素上单击时	大部分可见元素
ondblclick	鼠标在元素上双击时	大部分可见元素
onfocus	元素获得焦点	<a><area><button><input><select><textarea>等
onkeydown	键盘上某个键被按下时	大部分可见元素
onkeypress	键盘上某个键被按下并且释放时	大部分可见元素
onkeyup	键盘上某个键被弹起时	大部分可见元素
onload	对象装载完毕时	<body><frameset>等
onmousedown	在元素上按下鼠标时	大部分可见元素
onmousemove	在元素上移动鼠标指针时	大部分可见元素
onmouseout	鼠标指针移出元素时	大部分可见元素
onmouseover	鼠标指针移动到元素的上方时	大部分可见元素
onmouseup	在元素上释放鼠标时	大部分可见元素
onreset	表单被重置时	<form>
onselect	文本内容被选择时	<input><textarea>
onsubmit	表单被提交时	<form>
onunload	对象被卸载时	<body><frameset>

7.3.1　Window 对象常用事件

Window 对象常用的事件有 onscroll 事件、onresize 事件、onload 事件，onscroll 事件是指窗口的滚动条被拖动时触发，onresize 事件是指窗口的大小发生改变时触发，onload 事件在浏览器完成对象的装载后立即触发。用得比较多的是 onscroll 事件，上新浪和搜狐这些门户站点，经常会发现页面上除随机漂浮的广告外，还有的广告会随着滚动页面而滚动，页面的左边和页面的右边各有一个，形成对联效果。其实，可以使用 onscroll 事件来实现这个效果。代码如示例 7-5 所示。

示例 7-5：

```
<html>
<head>
<meta charset="utf-8" />
<title>随滚动条移动的广告对联</title>
<script type="text/javascript">
```

```
function move(){
 var   ad = document.getElementById("id0");   //取得左边的广告层
 var   ad1 = document.getElementById("id1"); //取得右边的广告层
 var w = document.body.scrollTop;//得到 body 滚动的离页面上边界的值
 var h = document.body.scrollLeft; //得到 body 滚动的离页面左边界的值
 ad.style.marginTop = w ;
 ad.style.marginLeft = h ;
 ad1.style.marginTop = w ;
 ad1.style.marginRight = h ;
 }
 window.onscroll = move; //window 对象注册滚动事件
</script>
</head>
<body>
<div>
 <img src="back.jpg" >
</div>
<div id="id0" style="position:absolute; left:10px; top:70px; width:80px; height:80px; z-index:1">
 <img src="ad.bmp" alt="广告" />
</div>
<div id="id1" style="position:absolute; right:10px; top:70px; width:80px; height:80px; z-index:1">
 <img src="ad.bmp" alt="广告" />
</div>
</body>
</html>
```

显示结果如图 7-4 所示。

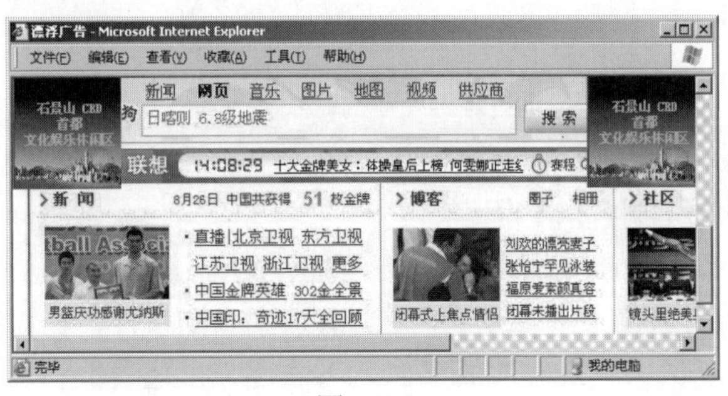

图　7-4

7.3.2　Document 对象常用事件

Document 常用的事件有 onkeydown 事件和 ondrag 事件，onkeydown 事件是指在文档中按下某个键时触发，ondrag 事件是指在文档中进行拖曳操作时持续触发的事件。相信大家都玩过 RPG(角色扮演者)游戏或者是赛车游戏，可以使用键盘上的方向键来控制游戏角色和赛车的移动。使用 document 的 onkeydown 事件就能实现这个功能。这里使用 IE 的事件对象 event，后面会讲到。event.keyCode 属性得到键盘事件键的编码(ASCII 码)，键盘上的方向键左、上、右、下键的 ASCII 码分别是 37、38、39、40。代码如示例 7-6 所示。

示例 7-6：

```
<html>
<head>
<meta charset="utf-8" />
<title>仿赛车游戏</title>
<script type="text/javascript">
function move(){
 var saiche = document.getElementById("id0") ;//取得赛车图片所在的层
 if (event.keyCode==38)
 {saiche.style.top=parseInt(saiche.style.top)-5+"px"; }
  if (event.keyCode==40)
 {saiche.style.top=parseInt(saiche.style.top)+5+"px";}
  if (event.keyCode==37)
 {saiche.style.left= parseInt(saiche.style.left)-5+"px";}
  if (event.keyCode==39)
 {saiche.style.left= parseInt(saiche.style.left)+5+"px";}
}
 document.onkeydown = move; //给文档添加 onkeydown 事件
</script>
</head>
<body>
<!--背景层-->
<div><img src="saidao.bmp" ></div>
<div id="id0" style="position:absolute; left:200px; top:500px; width:100px;height:100px; z-index:1">
 <img src="car.bmp" alt="广告" />
</div>
</body>
</html>
```

7.3.3 表单元素的常用事件

每一个表单元素(对象)都具有表7-1中列出的一到多个事件，在对表单使用事件处理程序时必须根据具体情况，使用最合适的事件。下面逐一讲述表单和表单元素的相关事件、属性和方法。

1. 表单对象

表单对象的常用属性、方法和事件如表 7-2 所示。

表 7-2 表单对象的常用属性、方法和事件

属性	action	表单数据将被提交到的页面
	method	提交表单的方法，get()方法和 post()方法
方法	submit()	提交表单
事件	onsubmit	表单提交时触发，返回值是 false 将不提交表单数据

method 属性值决定采用 get()还是 post()方法来提交表单数据，使用 post()方法常用于提交比较敏感的数据，如密码、账号等，因为数据不像 get()方法一样会以键-值对的方式出现在地址栏中，安全性相对高些。onsubmit 事件处理函数可以有返回值，同示例 7-4 一样，该事件处理函数的返回值决定是否提交表单数据，如果 onsubmit 事件处理函数返回 true，则表单中的数据将提交到 action 属性指定的页面。如果返回值是 false，将不提交表单数据。

2. 文本框对象

文本框对象分为单行文本框、密码框和文本域，常用属性、方法和事件如表 7-3 所示。

表 7-3 文本框对象的常用属性、方法和事件

属性	value	文本框的内容
	readonly	文本框的内容不能手动修改，但可以通过程序改变
方法	focus()	使文本框获得焦点
	select()	使文本框内容被选中
事件	onblur	光标离开文本框时触发
	onfocus	光标进入文本框时触发
	onchange	文本框的内容已改变且失去焦点时触发

3. 按钮对象

按钮对象包括普通按钮、提交按钮和重置按钮，常用的属性和事件如表 7-4 所示。

表 7-4 按钮对象的常用属性和事件

属性	Value	显示在按钮表面的文字
	Disabled	在代码中设置按钮是否能使用，取值 true 或 false
事件	onclick	鼠标单击按钮时触发

使用 disabled 属性时要注意，如代码<input type="button" disabled=" disabled " value="确定" id ="btn1"/>中，给 disabled 属性赋值 disabled，此时，按钮是灰色的，不可用。这里，如果直接写成<input type="button" disabled value="确定" id ="btn1" />效果是一样的。因此，只要在<input>标签中写上 disabled 或给 disabled 赋任何值，按钮都将不可用。如果想要让变灰的按钮可以使用，通过使用 document.getElementById("btn1").disabled = false 代码来实现。不能写成 document.getElementById("btn1").disabled = " false"，这一点要特别注意。

综合使用表单和表单元素的属性、事件和方法对单元四中上机部分练习 1 的雅虎邮箱验证做出改进。实现功能有：即时提示用户输入的数据是否符合要求，使用文字的颜色来提示，同时，不同的输入框之间切换按 Enter 键来完成，默认按 Tab 键。鉴于篇幅的限制，两次密码匹配和密码信息保护部分留给读者自己完成。代码如示例 7-7 所示。

示例 7-7：

```
<html>
<head>
<meta charset="utf-8" />
<title>雅虎邮箱注册改进版</title>
```

```
<style type="text/css">
td{font-family:"新宋体" ; font-size:14px;}
</style>
<script type="text/javascript">
  var pass1 ,pass2 ; //存放两次密码
  var flag = false ; //标志是否提交表单
  function cls0(){
        var val = document.myform.mainMail.value ;
      if(val == "请输入邮件地址"){
      document.myform.mainMail.value = "";
      }
    document.myform.mainMail.focus(); //邮件地址得到焦点
    }
 function doAction0()
 {
      var email   = document.myform.mainMail.value ;
      var   reg = /^[0-9a-zA-Z_]+@[0-9a-zA-Z]+[\.]{1}[0-9a-zA-Z]+[\.]?[0-9a-zA-Z]+$/;
       if(!reg.test(email))
    {
    document.getElementById("td0").innerHTML="<font color = red>
邮件地址不符合要求</font>";
    document.myform.mainMail.select(); //输入框高亮显示
    flag = false ;
    }
    else
    {
        document.getElementById("td0").innerHTML="<font color = green>
邮件地址格式正确</font>";
      flag = true ;
       }
    }
 function doAction1()
 {
        pass1   = document.myform.pwd.value ;
       var reg1 = /\d{6,}/;
       if(!reg1.test(pass1))
    {
    document.getElementById("td1").innerHTML="<font color = red>
密码不符合要求</font>";
    flag = false ;
    }
else
    {
        document.getElementById("td1").innerHTML="<font color = green>
密码格式符合要求</font>";
      flag = true ;
      }
   }
```

```
    //更改 Enter 键为 Tab 键
    function changeCode()
    {
        if(event.keyCode == 13 )
     {
        event.keyCode = 9 ;
      }
    }
    //判断是否提交表单
    function check(){
      return flag ;
    }
    document.onkeydown = changeCode; //给文档添加 onkeydown 事件
</script>
</head>
<body>
<form name="myform" method="post" onsubmit="return check()">
  <table width="556" height="173">
     <tr>
        <td height="31" colspan="3"><font size="+1" face="新宋体" color="#000099">
创建你的雅虎邮箱</font></td>
     </tr>
     <tr>
        <td width="129" height="33" align="right">雅虎邮箱：</td>
        <td width="175" >
        <input type="text" name="mainMail" value="请输入邮件地址" onFocus="cls0()"
onBlur="doAction0()" />
     </td>
        <td width="236"id="td0">邮箱名只能是字母、数字和下画线</td>
     </tr>
     <tr>
        <td height="32" align="right">密码：</td>
        <td><input type="password" name="pwd" onBlur="doAction1()" /></td>
        <td id="td1">密码至少是 6 位数字</td>
     </tr>
     <tr>
        <td height="36" align="right">再次输入密码：</td>
        <td> <input type="password" name="rpwd" /></td>
        <td >密码至少是 6 位数字</td>
     </tr>
   <tr>
        <td colspan="3" align="center"><input type="submit"   value="提交表单"/></td>
     </tr>
   </table>
</form>
</body>
</html>
```

运行结果如图 7-5 所示。

图 7-5

4. 复选框对象

复选框对象的常用属性和事件如表 7-5 所示。

表 7-5　复选框对象的常用属性和事件

属性	checked	获取或设置复选按钮是否被选中；代码中可以通过改变该属性来设置复选框的状态
	value	获取或设置复选框 value 属性的值
事件	onblur	失去焦点时触发
	onfocus	获得焦点时触发
	onclick	鼠标单击时触发

5. 单选按钮对象

单选按钮对象的常用属性和事件如表 7-6 所示。

表 7-6　单选按钮对象的常用属性和事件

属性	checked	获取或设置单选按钮是否被选中；可以通过改变该属性来设置单选按钮的状态
	value	获取或设置单选按钮 value 属性的值
事件	onblur	失去焦点时触发
	onfocus	获得焦点时触发
	onclick	鼠标单击时触发

单选按钮和复选框使用得比较多的是 onclick 事件，当被选中时，触发事件处理程序。下面继续改进雅虎邮箱注册程序，添加雅虎直邮和协议条款部分。一般网上都注册有协议条款，如果不同意条款，网站是不会让用户注册的。示例 7-8 实现了同意条款才能注册的功能。

示例 7-8：

```
<html>
<head>
<meta charset="utf-8" />
<title>雅虎邮箱注册改进版 2</title>
<style type="text/css">
td{
font-family:"新宋体" ; font-size:14px;
```

```
}
</style>
<script type="text/javascript">
    function enableButton()
    {
         if(document.myform.tiaokuan.checked)
       {
       document.myform.sub.disabled = false ;
       }
       else
       {
       document.myform.sub.disabled = true ;
        }
    }
    function checkForm()
    {
     var    cks = document.myform.mail_directory;
   var ischeck = false ;
   for(var i = 0 ; i <cks.length ;i++)
   {
    if(cks[i].checked)
      {
       ischeck = true ;
       break;
      }
   }
       return    ischeck    ;
    }
</script>
</head>
<body>
<form name="myform" method="post" onSubmit="return checkForm()">
   <table width="646" height="173">
      <tr>
        <td height="31" colspan="3">
<font size="-1" face="新宋体" color="#000099">中国雅虎直邮</font></td>
      </tr>
      <tr>
        <td width="46" > </td>
  <! -- 不选择直邮方式，不能提交表单数据-- >
        <td width="588"    colspan="2" >我愿意接受中国雅虎的直邮，请选择以下直邮类别(必须选一个，
可多选)
      <tr>
        <td > </td>
        <td    colspan="2">
        <input type="checkbox" name="mail_directory" value="trl"/>旅游
        <input type="checkbox" name="mail_directory" value="rlx"/>休闲
        <input type="checkbox" name="mail_directory" value="fin"/>财经
        <input type="checkbox" name="mail_directory" value="car"/>汽车
```

```
            <input type="checkbox"name="mail_directory" value="mus"/>音乐
            <input type="checkbox" name="mail_directory" value="hos"/>房产
              </td>
            </tr>
            <tr>
              <td colspan="3"><font size="-1" face="新宋体" color="#000099">
    中国雅虎服务条款</font></td>
            </tr>
          <tr>
              <td > </td>
            <td colspan="2">
    <input type="checkbox" name="tiaokuan" onClick="enableButton()" >
    我已经阅读并同意中国雅虎的服务条款和隐私权政策</td>
            </tr>
        <tr>
        <td> </td>
            <td colspan="2" align="center">
        <textarea cols="80" rows="5" >
    1. 接受条款
    欢迎光临中国雅虎。中国雅虎根据以下服务条款为您提供服务。这些条款可由中国雅虎随时更新，且毋须另行通知。中国雅虎服务公约(以下简称本“服务公约”)一旦发生变动，中国雅虎将在网页上公布修改内容。修改后的服务公约一旦在网页上公布即有效代替原来的服务公约。您可随时造访 http://misc.yahoo.com.cn/copyright.html 查阅最新版服务公约。此外，当您使用中国雅虎特殊服务时，您和中国雅虎应遵守中国雅虎随时公布的与该服务相关的指引和规则...
    </textarea></td>
            </tr>
        <tr>
              <td colspan="3" align="center">
        <!--默认情况下，【提交表单】按钮是灰色的，同意条款才能使用 -- >
    <input type="submit" name="sub"  value="提交表单"  disabled/></td>
            </tr>
        </table>
    </form>
    </body>
    </html>
```

运行效果如图 7-6 所示。

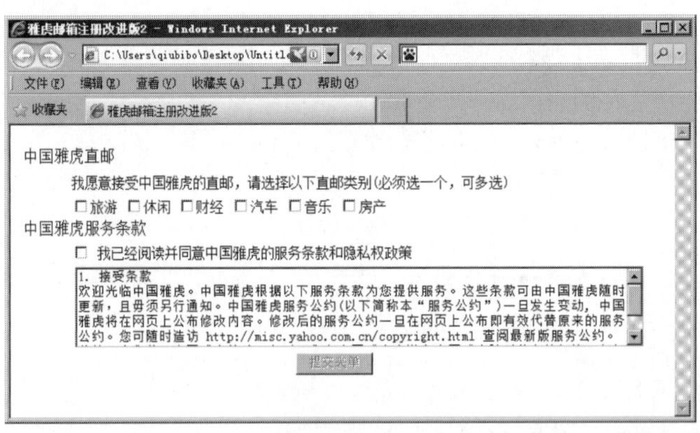

图 7-6

6. 下拉列表框对象

下拉列表框对象的常用属性和事件如表 7-7 所示。

表 7-7　下拉列表框对象的常用属性和事件

属性	length	返回下拉框中的选项总数
	selectedIndex	返回被选中的选项的索引号，从 0 开始；设置该属性值来改变当前选中的选项
	options	所有的选项组成的一个数组
	value	被选中的选项的 value 属性值
事件	onblur	失去焦点时触发
	onfocus	获得焦点时触发
	onchange	选项发生改变时触发

对于下拉列表框的事件，在页面设计上经常使用，一般像省市级联，两个下拉列表框中，一个是省份，一个是城市，当在第一个下拉列表框中选择某个省份时，第二个下拉列表框中输出与选择省份对应的城市。图 7-7 所示就是搜狐房产北京站省市级联最初的选项。

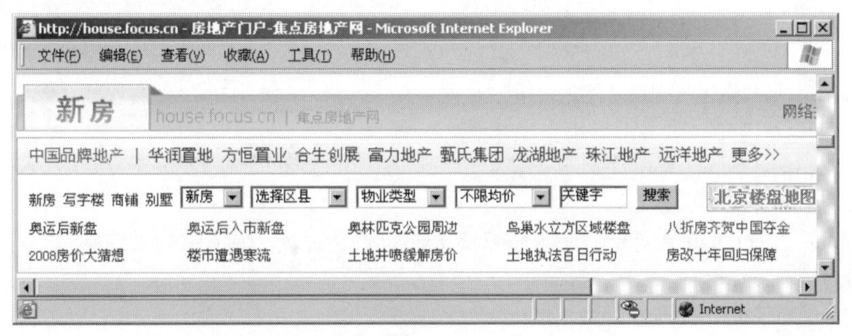

图　7-7

当在第一个下拉列表框中选择“商铺”时，第二个和第三个下拉列表框中的内容分别改变成“北京”和“县市名称”，如图 7-8 所示。

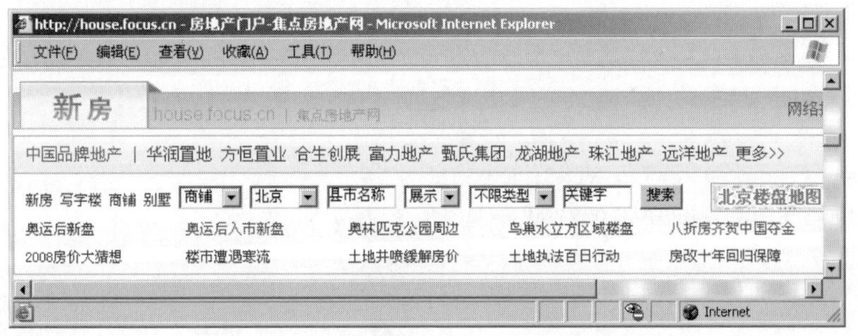

图　7-8

要实现这种效果，可使用下拉列表框的 onchange 事件，首先得到第一个下拉列表框的值，使用 selectedIndex 属性得到列表框的索引，根据索引，在第二个或第三个列表框中动态加入选项值。使用 new Option("文字内容","值")来生成选项对象，最后把这些对象加入列表框中。实现代码如示例 7-9 所示。

示例 7-9：

```
<html>
<head>
<meta charset="utf-8" />
<title>搜狐房产</title>
<style   title="text/css">
span{
font-family:"新宋体"; font-size:14px;
}
</style>
<script type="text/javascript" >
function changeOptions()
{
  var contents0 = new Array(); //构造第一个数组
  contents0[0] = ["选择区县","海淀区","东城区","西城区","朝阳区","丰台区","密云县","延庆县"];
  contents0[1] = ["行政区","海淀区","东城区","西城区","朝阳区","丰台区"];
  contents0[2] = ["北京市","天津市","上海市","江苏","浙江","安徽","福建"];
  contents0[3] = ["选择区县","海淀区","东城区","西城区","朝阳区","丰台区","密云县","延庆县"];
  var contents1 = new Array(); //构造第二个数组
  contents1[0] = ["物业类型","普通住宅","公寓","别墅","经济适用房","廉租房","限价房","花园洋房"];
  contents1[1] = ["商圈","国贸","中关村","金融街","亚运村","奥运村","公主坟"];
  contents1[2] = ["展示","出租","出售","求租","求购"];
  contents1[3] = ["总价","30 万元以下","30 万元~40 万元","40 万元~60 万元","60 万元~80 万元","80
万元~100 万元","100 万元以上"];
   var index = document.myform.types.selectedIndex ; //得到第一个下拉列表的索引
   var option0 , option1 ;
   document.myform.district.options.length = 0 ; //清空第二个下拉列表
   document.myform.other.options.length = 0 ; //清空第三个下拉列表
   for(var i in contents0[index] ) //循环生成选项并加入选项到第二个列表框
   {
      option0 = new Option(contents0[index][i],i);
    document.myform.district.options.add(option0);
   }
     for(var j in contents1[index] ) //循环生成选项并加入选项到第三个列表框
   {
      option1 = new Option(contents1[index][j],j);
    document.myform.other.options.add(option1);
   }
}
</script>
</head>
<body>
<img src="house.bmp" />
<form name = "myform" >
<span>  新房</span><span>  写字楼</span><span>  商铺</span><span>  别墅</span>
<select name="types" onChange="changeOptions()">
```

```
<option>新房</option><option>写字楼</option>
<option>商铺</option><option>别墅</option>
</select>
<select name="district">
<option>选择区县</option><option>海淀区</option>
<option>东城区</option><option>西城区</option><option>朝阳区</option>
</select>
<select name="other">
<option>物业类型</option><option>普通住宅</option>
<option>公寓</option><option>别墅</option><option>经济适用房</option>
</select>
<select name="price">
<option>选择价格</option><option>3000 元以下</option><option>3000~5000 元</option>
<option>5000~10000 元</option><option>1 元~3 万元</option><option>3 万元以上</option>
</select>
<img src="house1.bmp" />
</form>
</body>
</html>
```

注意，<option></option>之间的内容是显示在列表框中的文本内容，每个选项的 value 属性代表该选项的值，每个选项的文本内容和值可以不相同。文本内容将显示在页面上起提示作用，但值不会显示出来，表单提交到服务器后，服务器一般读取值内容而不是文本内容。

7.3.4　IE 的 Event 事件对象

Event 对象是 IE 浏览的内置对象，在 IE 浏览器中，当事件发生时，会临时创建一个包含事件附加信息的 Event 对象。表 7-8 列出了该对象的一些属性。

表 7-8　IE 的 Event 对象的一些属性

属性	描述
srcElement	产生该事件的元素
type	以字符串形式返回事件类型，如 click
clientX	相对用户区域的 x 坐标
clientY	相对用户区域的 y 坐标
screenX	相对实际屏幕的 x 坐标
screenY	相对实际屏幕的 y 坐标
button	确定是哪个鼠标被按下
keyCode	按键的代码
altKey	按下 Alt 键时为 true
ctrlKey	按下 Ctrl 键时为 true
shiftKey	按下 Shift 键时为 true
cancelBubble	表明该事件是否应沿事件层次上移

(续表)

属性	描述
returnValue	事件返回值
fromElement	被移动的元素
toElement	正在移动的元素

在 Netscape 和 Mozilla 浏览器中也存在一个 Event 对象，这两个 Event 对象非常相似。示例 7-10 演示了 IE 浏览器中 Event 对象的简单用法。

示例 7-10：

```
<html>
<head>
<meta charset="utf-8" />
<title>Event 对象</title>
<script language="javascript">
function move()
{
   lay.style.pixelLeft = window.event.clientX;//获得鼠标的横坐标
   lay.style.pixelTop = window.event.clientY; //获得鼠标的纵坐标
}
document.onmousemove=move;
</script>
</head>
<body>
<div id="lay" style="position:absolute;left:50px;top:50px;width:50px;height:50px;">
   <img src="brock.gif">
</div>
</body>
</html>
```

运行上面的代码，可以看到图像 brock.gif 随鼠标指针移动。实际上是不断地得到鼠标指针的坐标，把这个坐标给层来改变层的位置。

【单元小结】

- 通过事件可以实现用户和页面进行交互。
- 注册 JavaScript 事件通常有两种方法：绑定到页面元素属性和绑定到对象属性。
- 表单元素的常用事件。
- JavaScript 的主要功能之一是用于表单数据验证。

【单元自测】

1. onselect 事件处理程序可用于(　　)元素。

A. 文本框和文本区域　　B. 文本框和复选框

C. 文本框和单选按钮　　D. 文本区域和复选框

2. 下拉列表框中的(　　)方法可以在选项数组中增加一个元素。

A. add()　　B. remove()　　C. focus()　　D. blur()

3. 下拉列表框中的(　　)属性可以得到当前选中项的索引。

A. readonly　　B. selectedIndex　　C. options　　D. multiple

4. 改变文本框的内容并使其失去焦点时，下列说法正确的是(　　)。

A. 只触发 onblur 事件

B. 只触发 onchange 事件

C. 先触发 onchange 事件后触发 onblur 事件

D. 先触发 onblur 事件后触发 onchange 事件

5. 关于 onsubmit 事件，下列说法正确的是(　　)。

A. 【提交】按钮具有该事件　　B. 【重置】按钮具有该事件

C. 【普通】按钮具有该事件　　D. 【表单】元素具有该事件

【上机实战】

上机目标

- 掌握 JavaScript 中常用事件
- 利用表单元素事件实现表单验证

上机练习

◆ 第一阶段 ◆

练习 1：模拟香港赛马

【问题描述】

编写页面，实现模拟香港赛马，同时，可以选择要买的马和下注，如图 7-9 所示。

【问题分析】

(1) 本例实际上是层和表单事件的联合应用，4 匹赛马，可以使用 4 个层来实现，使用绝对坐标来定位，并且使用定时器隔一段时间就改变 4 个层的位置。

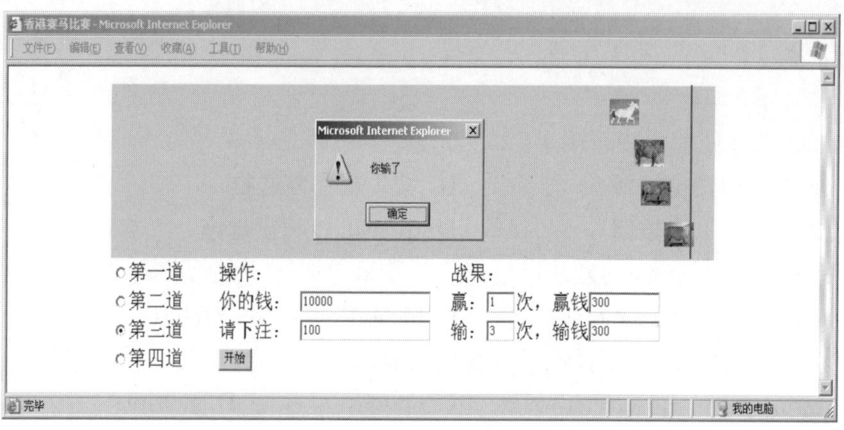

图 7-9

(2) 赛马前要选择道次，单击【开始】按钮才可以使用，使用 checkbox 的 onclick 事件。

(3) 必须要输入下注的钱，实际上是表单数据的验证。

(4) 使用全局变量来记录钱、下注的金额、赢的次数和赢的钱、输的次数和输的钱。

【参考步骤】

(1) 新建一个 HTML 网页，将网页标题设为“香港赛马比赛”。

(2) 分别建立 5 个层，用来放置 4 匹赛马和一个终点线，层的位置使用绝对坐标。

(3) 使用 5 行 3 列表格来放置赛道和 4 个单选按钮、6 个单行输入框和一个按钮，设置其中 5 个文本框为只读属性和【开始】按钮不可用。

(4) 编写【开始】按钮的 fun()函数并设置全局变量用来记录钱、下注的金额、赢的次数和赢的钱、输的次数和输的钱。设置定时器，调用 move()函数和 checkWin()函数，并有条件地调用 huiwei()函数。

(5) 编写 move()函数用来不停地改变 4 个赛马层的位置。

(6) 编写 checkWin()函数用来判断各个赛马层是否到达终点，返回一个 bool 值。

(7) 编写 huiwei()函数用来设置 4 个赛马层回到初始位置及更新战况信息和扣除钱数。

(8) 完整代码如示例 7-11 所示。

示例 7-11：

```
<html>
<head>
<meta charset="utf-8" />
charset=gb2312">
<title>香港赛马比赛</title>
<script type="text/javaScript">
var a,b,c,d;                    //分别保存 4 个层的当前离左边界的位置
var user,winner;
var beforMoney , giveMoney ;
var winCounter = 0 ;            //记录赢的次数
var loseCounter = 0 ;           //记录输的次数
var win = 0 ;                   //记录赢的钱
```

```
var lose = 0 ;                    //记录输的钱
var timer ;
function choice(sel)
{
    user = sel.value;
    document.form1.sub.disabled = false ;
}
function fun()
{
   var duzu = document.form1.duzu.value;
   var reg = /^[1-9]\d*$/;     //使用正则模式来判断输入的钱是正整数
   if(!reg.test(duzu))
   {
      alert("赌注不正确!");
      return;
   }
      beforMoney = document.form1.money.value ;
      giveMoney = duzu ;
   move();
 }
//移动层
function move()
{
   a = parseInt(Layer1.style.left);
   b = parseInt(Layer2.style.left);
   c = parseInt(Layer3.style.left);
   d = parseInt(Layer4.style.left);
   var flag = checkWin();
   if(flag)
   {
      huiwei()
      return;
   }
   Layer1.style.left = Math.round(Math.random() * 5 + 1) + a;
   Layer2.style.left = Math.round(Math.random() * 5 + 1) + b;
   Layer3.style.left = Math.round(Math.random() * 5 + 1) + c;
   Layer4.style.left = Math.round(Math.random() * 5 + 1) + d;
      timer =setTimeout("move()",10);
}
//判断谁赢了
function checkWin()
{
   var    endLen = 760;          //终点
   if(a>=endLen)
   {
      winner="no1";
      return true;
```

```
    }
    else if(b>=endLen)
    {
      winner="no2";
      return true;
    }
    else if(c>=endLen)
    {
      winner="no3";
      return true;
    }
    else if(d>=endLen)
    {
      winner="no4";
      return true;
    }
    return false;
}
//回位
function huiwei()
{
    clearTimeout(timer);
    beforMoney = parseInt(beforMoney);
    giveMoney = parseInt(giveMoney) ;
    if(user==winner)
    {
      alert("你赢了");
      beforMoney += giveMoney;
      winCounter ++;
      win += giveMoney;
    }
    else
    {
      alert("你输了");
      beforMoney -= giveMoney;
      loseCounter ++;
      lose +=giveMoney ;
    }
    document.form1.money.value = beforMoney ;
    document.form1.duzu.value = "" ;
    document.form1.winC.value = winCounter ;
    document.form1.loseC.value =loseCounter ;
    document.form1.winMoney.value = win;
    document.form1.loseMoney.value =lose;
    var l_left = 170;
    Layer1.style.left = l_left;
    Layer2.style.left = l_left;
```

```
        Layer3.style.left = l_left;
        Layer4.style.left = l_left;
    }
    </script>
    </head>
    <body>
    <div id="Layer1" style="position:absolute; left:170px; top:30px; width:13px; height:6px; z-index:1"><img
    src="horses/horse1.jpg" width="34" height="26"></div>
    <div id="Layer2" style="position:absolute; left:170px; top:70px; width:17px; height:17px; z-index:2">
<img src="horses/horse2.jpg" width="34" height="26"></div>
    <div id="Layer3" style="position:absolute; left:170px; top:110px; width:17px; height:17px;
    z-index:2"><img src="horses/horse3.jpg" width="34" height="24"></div>
    <div id="Layer4" style="position:absolute; left:170px; top:150px; width:17px; height:17px;
    z-index:2"><img src="horses/horse4.jpg" width="34" height="24"></div>
    <div id="Layer5" style="position:absolute; left:790px; top:16px; width:2px; height:170px; z-index:3;
    background-color: #FF0000; layer-background-color: #FF0000; border: 1px none #000000;"></div>
    <form name="form1" method="post" action="">
      <table width="700" border="0" align="center">
        <tr>
          <td height="170" colspan="3" bgcolor="#66FFCC"></td>
        </tr>
        <tr>
            <td width="120">
          <input type="radio" name="userSelect" value="no1" onClick="choice(this)">第一道</td>
        <td width="265">操作：</td><td width="301">战果：</td>
        </tr>
         <tr>
             <td>
             <input type="radio" name="userSelect" value="no2" onClick="choice(this)">第二道</td>
         <td>你的钱：
            <input name="money" type="text" id="money" value="10000" readonly></td>
        <td>赢：<input type="text" name="winC" size="3" value="0" readonly>次，赢钱<input type="text"
     name="winMoney" size="10" readonly value="0"></td>
        </tr>
        <tr>
            <td>
            <input type="radio" name="userSelect" value="no3" onClick="choice(this)">第三道</td>
        <td>请下注：
             <input name="duzu" type="text" id="duzu"></td><td>输：<input type="text" name="loseC"
     size="3" readonly value="0">次，输钱<input type="text" name="loseMoney" size="10" readonly
     value="0"></td>
        </tr>
        <tr>
         <td>
          <input type="radio" name="userSelect" value="no4" onClick="choice(this)">第四道</td>
         <td ><input type="button" name="sub" value="开始" onClick="fun()" disabled="disabled"></td>
         <td></td>
```

```
        </tr>
    </table>
</form>
</body>
</html>
```

◆ 第二阶段 ◆

练习 2：模拟购物车

【问题描述】

编写一个网上购书页面，实现添加书籍到购物车、清空购物车的书籍和计算总价功能，要求可以重复地添加书籍到购物车，如图 7-10 所示。

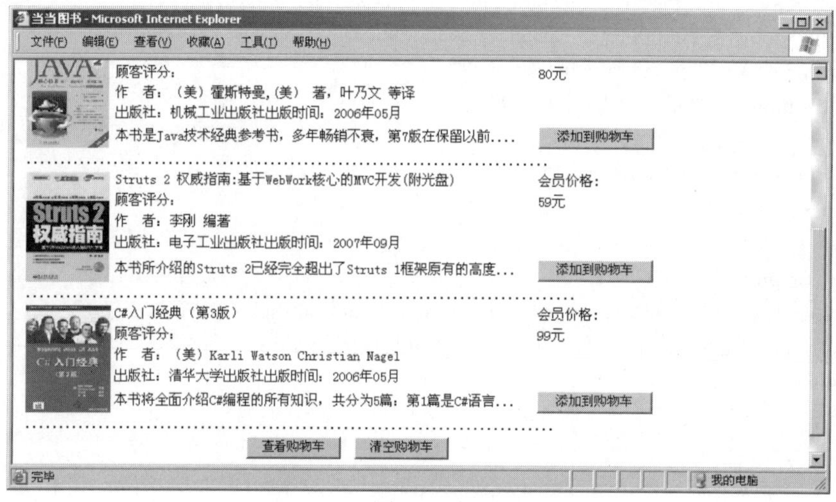

图 7-10

【问题分析】

(1) 本例是按钮事件的综合应用，使用全局变量来记录每本书的数量，初始值为 0，单击每本书后的【添加到购物车】按钮，实际上完成该书数量的累加。由数量和单价就能计算出书的总价。

(2) 购物车可以使用字符串来实现，把所有购买的书籍的详细信息拼接到该字符串中。单击【查看购物车】按钮时，再把该字符串显示在层中，使用层的 innerHTML 属性来实现。

(3) 单击【清空购物车】按钮时，把购物车字符串的内容设置成初始值即可。

【参考步骤】

(1) 新建一个 HTML 网页，将网页标题设为“当当网上书店”。

(2) 在网页中插入一个多行多列的表，插入书籍的相关信息。

(3) 编写【添加到购物车】按钮的 onclick 事件处理函数 addCart()。

(4) 编写【查看购物车】按钮的 onclick 事件处理函数 showCart()。

(5) 编写【清空购物车】按钮的 onclick 事件处理函数 clearCart()。

(6) 完整代码如示例 7-12 所示。

示例 7-12：

```
<html>
<head>
<meta charset="utf-8" />
<title>当当网上书店</title>
<style   type="text/css">
td{ font-family:"宋体"; font-size:14px
}
</style>
<script type="text/javascript">
 var no0 =0 ,no1=0,no2=0,no3=0;
 var str = "序号  书名  数量  单价 
 小计<br><ol>";
 function addCart(op1)
 {
     switch(op1)
   {
    case "0":no0 ++; break;
    case "1":no1 ++; break;
    case "2":no2 ++; break;
    case "3":no3 ++; break;
     }
 }
 function showCart()
 {
     str += ( no0==0 )? "" :"<li>Java 编程思想(第 4 版)  49 元 
 "+no0 +"  "+no0*49+"元<br>";
   str += ( no1==0 )? "" :"<li>JAVA2 核心技术卷 I：  80 元 
 "+no1 +"  "+no1*80+"元<br>";
   str += ( no2==0 )? "" :"<li>Struts 2  权威指南:  59 元 
 "+no2 +"  "+no2*59+"元<br>";
   str += ( no3==0 )? "" :"<li>C#入门经典(第 3 版)  99 元 
 "+no3 +"  "+no3*99+"元<br>";
    document.getElementById("layer0").innerHTML=str+"</ol>";
    str = "序号  书名  数量  单价 
 小计<br><ol>";
 }
 function clearCart()
 {
    str ="序号  书名  数量  单价 
 小计<br><ol>";
    document.getElementById("layer0").innerHTML=str;
 }
</script>
```

```
</head>
<body>
<img src="books/logo.jpg">
<form name="myform">
<table width="673" height="505" border="0">
  <tr>
  <td width="89" rowspan="5"><img src="books/java.jpg" width="89"
height="101"></td>
    <td>Java 编程思想(第 4 版)</td>
    <td>会员价格:</td>
  </tr>
  <tr>
    <td>顾客评分：</td><td>49 元</td>
  </tr>
  <tr>
    <td>作者：(美)埃克尔  著  陈昊鹏  译</td><td> </td>
  </tr>
  <tr>
    <td height="24">出版社：机械工业出版社  出版时间：2007 年 06 月</td>
    <td> </td>
  </tr>
  <tr>
  <td width="430">本书赢得了全球程序员的广泛赞誉，即使是最晦涩的概念..</td>
  <td width="140">
<input type="button" value="添加到购物车" onclick="addCart('0','49')">
    </td>
  </tr>
  <tr>
    <td colspan="3">...........................................................................</td>
  </tr>
  <tr>
    <td rowspan="5"><img src="books/java2.jpg" width="86" height="103"></td>
    <td>JAVA2 核心技术卷 I：基础知识(原书第 7 版)</td>
    <td>会员价格:</td>
  </tr>
  <tr>
    <td>顾客评分：</td><td>80 元</td>
  </tr>
  <tr>
    <td>作者：(美)霍斯特曼，(美)科奈尔  著，叶乃文  等  译</td><td> </td>
  </tr>
    <tr>
    <td>出版社：机械工业出版社    出版时间：2006 年 05 月</td><td> </td>
  </tr>
  <tr>
    <td>本书是 Java 技术经典参考书，多年畅销不衰，第 7 版在保留以前....</td>
   <td width="140">
```

```
<input type="button" value="添加到购物车" onclick="addCart('1','80')">
        </td>
    </tr>
    <tr>
        <td colspan="3">............................................................................</td>
    </tr>
    <tr>
        <td rowspan="5"><img src="books/struts2.jpg" width="87" height="110"></td>
        <td>Struts 2 权威指南：基于 WebWork 核心的 MVC 开发(附光盘)</td>
        <td>会员价格:</td>
    </tr>
    <tr>
        <td>顾客评分：</td><td>59 元</td>
    </tr>
    <tr>
        <td>作者：李刚 编著</td><td> </td>
    </tr>
    <tr>
        <td>出版社：电子工业出版社 出版时间：2007 年 09 月</td><td> </td>
    </tr>
    <tr>
        <td>本书所介绍的 Struts 2 已经完全超出了 Struts 1 框架原有的高度...</td>
       <td width="140">
<input type="button" value="添加到购物车" onclick="addCart('2','59')">
        </td>
    </tr>
    <tr>
        <td colspan="3">............................................................................</td>
    </tr>
    <tr>
        <td rowspan="5"><img src="books/c#.jpg" width="89" height="107"></td>
        <td>C#入门经典(第 3 版)</td><td>会员价格:</td>
    </tr>
    <tr>
        <td>顾客评分：</td><td>99 元</td>
    </tr>
    <tr>
        <td>作者：(美)Karli Watson Christian Nagel</td><td> </td>
    </tr>
    <tr>
        <td>出版社：清华大学出版社　出版时间：2006 年 05 月</td><td> </td>
    </tr>
    <tr>
        <td>本书将全面介绍 C#编程的所有知识，共分为 5 篇：第 1 篇是 C#语言...</td>
        <td width="140">
          <input type="button" value="添加到购物车" onclick="addCart('3','99')">
        </td>
```

```
    </tr>
    <tr>
      <td colspan="3">..............................................................................</td>
    </tr>
     <tr>
<td colspan="3" align="center">
<input type="button" value="查看购物车" onClick="showCart()">  
<input type="button" value="清空购物车" onClick="clearCart()"></td>
    </tr>
</table>
</form>
<div id="layer0">
</div>
</body>
</html>
```

显示结果如图 7-11 所示。

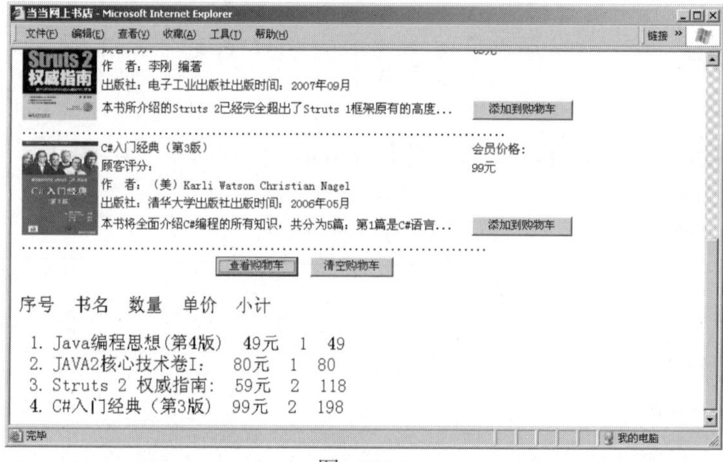

图 7-11

【拓展作业】

(1) 编写一个页面，实现鼠标在页面中移动时在浏览器的状态栏显示鼠标指针当前的坐标，当在页面上单击鼠标左键时弹出一个显示鼠标指针坐标值的对话框。(提示：使用 window.status 设置浏览器的状态栏，给 document 对象添加 onmousemove 和 onmouseclick 事件，使用 Event 对象得到鼠标指针的坐标)

(2) 编写一个在线测试的页面，标题是："你将是个什么样的人？"，界面如图 7-12 所示。1 个场景，4 个选择答案，2 个按钮，单击【已选好，看看结论】按钮，在文本域中给出结论，单击【重新选择】按钮，单选按钮回到初始状态。(结论 1：重视美形、美感与甘美情调的唯美派。清心寡欲、不具贪婪，对家财多寡不大在意。结论 2：物欲熏心，锱铢必较的现实主义者。在生财方法上，也无长远计划，善于抢短线、谋取眼前利益。结论

3：稳健、切实，是理智的论理派。稳扎稳打、计划周详、不冒险、不躁进、不做寅吃卯粮的事。结论 4：凭直觉行动，不请益、不磋商、好一意孤行。对金钱欲望存焉，但不思努力，只做一掷千金的大梦。摘自美萍在线心理测试)

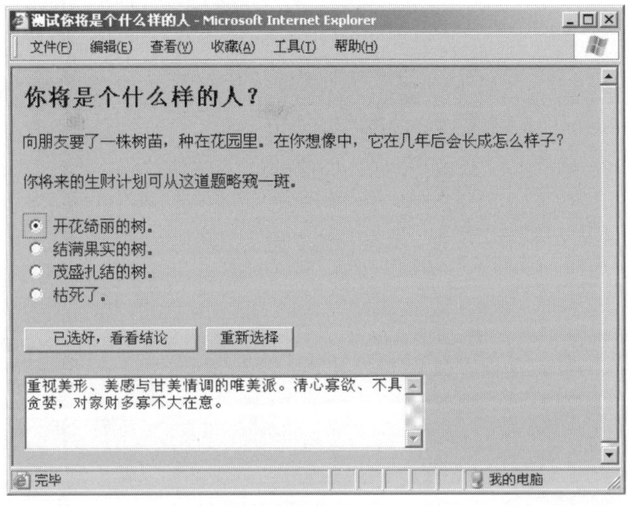

图　7-12

(3) 编写一个网页，模拟新浪网的星座，页面上有个下拉列表框，加入 12 个星座，当选择每个星座时，下面的图片会随之变化，同时，右边将显示该星座的详解，如图 7-13 所示。(教师提供素材)

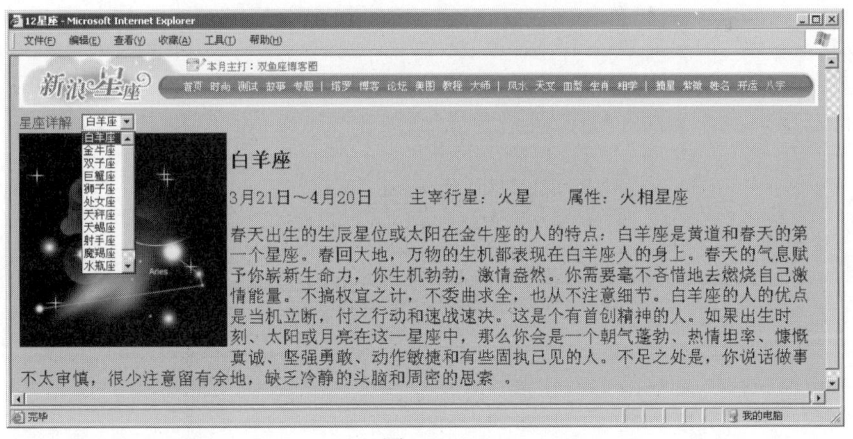

图　7-13

单元八

JavaScript 闭包

课程目标

- ▶ 理解匿名函数
- ▶ 理解闭包
- ▶ 掌握作用域概念

简 介

与其他大多数现代编程语言一样，JavaScript 也采用词法作用域，函数的执行依赖于变量作用域，这个作用域是在函数定义时决定的，而不是在函数调用时决定的。为了实现这种词法作用域，JavaScript 函数对象的内部状态不仅包含函数的代码逻辑，还必须引用当时的作用域链。函数对象可以通过作用域相互关联起来，函数体内部的变量都可以保存在函数作用域内的特性，在计算科学文献中称为“闭包”。

8.1 理解匿名函数与闭包

有不少开发人员总是搞不清匿名函数和闭包这两个概念，因此经常混用。

8.1.1 理解匿名函数

前面单元已经学了函数，其实函数定义有两种方式，一种是函数声明(即前面学过的自定义函数)，一种是函数表达式(即匿名函数)。

在前面单元中我们学会了自定义函数，如：

```
function obj(){                    //function 关键字+函数名
alert("我是一个函数！");           //函数体
}
```

当然，也可以带参数，如：

```
function obj(num){                 //function 关键字+函数名
   var count=num+2;                //函数体
   return count;
}
```

第二种创建函数的方式是使用函数表达式。函数表达式有几种不同的语法形式。下面是最常见的一种形式：

```
var functionName = function(arg0, arg1, arg2){
   //函数体
};
```

这种形式看起来好像是常规的变量赋值语句，即创建一个函数并将它赋值给变量 functionName。这种情况下创建的函数叫作匿名函数(anonymous function)，因为 function 关键字后面没有标识符(匿名函数有时候也叫拉姆达函数)。匿名函数的 name 属性是空字符串。匿名函数的函数表达式与其他表达式一样，在使用前必须先赋值。

常见匿名函数场景如示例 8-1 所示。

示例 8-1：

```
<!DOCTYPE html>
<html lang="en">
  <head>
    <meta charset="UTF-8">
    <title>匿名函数</title>
  </head>
  <body>
    <input type="button" value="点击" id="btn">
      <script type="text/javascript">
        var btn=document.querySelector("#btn");
        btn.onclick=function(){                              //给事件定义一个匿名函数
          alert("我是事件中的匿名函数");
        }

        var fun=function(){                                  //定义一个匿名函数
        alert("我是定义的一个匿名函数");
        }
        fun();

        var obj={
          name:"dddd",
          say:function(){                                    //对象中属性赋值一个匿名函数
            return function(){                               //返回一个匿名函数
            alert("我是返回的一个匿名函数");
            }
          }
        }
        obj.say()();
      </script>
  </body>
</html>
```

结果如图 8-1 所示。

这段代码中分别描述了三种场景下的匿名函数，前面学习中可能已经接触过了。第一种是给单击事件创建一个函数，第二种是定义一个匿名函数，第三种是在对象中给属性赋值一个匿名函数，并返回一个匿名函数，这三种都是比较常见的匿名函数写法。简单理解匿名函数就是没有名字的函数，它是一个函数表达式。即：

```
function(){
//函数体
}
```

定义全局变量可能会造成很多麻烦，所以匿名函数的一大特点就是在配合 var 定义时，可以有效地保证在页面上写入 JavaScript，而不会造成全局变量的污染。

图 8-1

8.1.2 理解闭包

闭包是指有权访问另一个函数作用域中的变量的函数。创建闭包的常见方式，就是在一个函数内部创建另一个函数，以 counter()函数为例，创建一个闭包如示例 8-2 所示。

示例 8-2：

```
var n=2;                          //全局变量
 function counter() {             //定义一个函数 counter()
```

```
        var n=1;                      //创建一个局部变量
        var count=function(){         //创建一个局部函数
           return n+=1;
        }
        return count();
    }
console.log(counter());               //调用 counter()函数，结果为 2
```

在示例 8-2 中，定义了一个名为 counter()的函数，在 counter()内部定义了一个 count()函数，count()函数使用了 counter()函数的变量 n，这样就构成了一个闭包，在这里应该很清楚调用 counter()函数运行的结果为 2，因为作用域的原因，n 的局部变量覆盖了全局变量，那么如果将代码稍做修改后，如示例 8-3 所示，你能知道这段代码会返回什么吗？

示例 8-3：

```
var n=2;                              //全局变量
 function counter() {                 //定义一个函数 counter()
        var n=1;                      //创建一个局部变量
        var count=function(){         //创建一个局部函数
           return n+=1;
        }
        return count;
    }
  var a = counter ()();               //调用 counter()函数，结果为？
```

在示例 8-3 中，将函数的一对圆括号移动到了 counter()函数调用之后，counter()函数现在仅仅返回了一个嵌套的 count()函数对象，而不是直接返回结果，在定义 counter()函数作用域外调用嵌套的函数 count()，回想一下，在前面章节中已经学了作用域的基本规则：JavaScript 函数的执行用到了作用域，这个作用域是函数定义时创建的，嵌套的函数 count()定义在这个作用域中，其中的变量 n 一定是局部变量，因此最后结果为 2。

从上面可以得出闭包的一个特性：闭包可以捕捉到局部变量(和参数)，并且一直保存下来，看起来像这些变量绑定到了其中定义它们的外部变量。

所以可以理解为匿名函数与闭包都是函数，闭包是一个可以使用另外一个函数作用域中变量的函数。

8.2 闭包与变量

作用域链的这种配置机制引出了一个值得注意的副作用，即闭包只能取得包含函数中任何变量的最后一个值。闭包所保存的是整个变量对象，而不是某个特殊的变量。示例 8-4 可以清晰地说明这个问题。

示例 8-4：

```
<!DOCTYPE html>
<html lang="en">
  <head>
    <meta charset="UTF-8">
    <title></title>
    <script type="text/javascript">
      function load() {
        var arr = document.getElementsByTagName("p");      //获取 p 标签的 dom 元素
        for(var i = 0; i < arr.length; i++) {
          arr[i].onclick = function() {                    //给p标签加一个单击事件，即闭包函数
            alert(i);
          }
        }
      }
    </script>
  </head>
  <body onload="load()">
    <div>
    <p>产品一</p>
    <p>产品二</p>
    <p>产品三</p>
    <p>产品四</p>
    <p>产品五</p>
    </div>
  </body>
</html>
```

表面上看，单击每个 p 标签，都会打印出对应的序列号，即从 0 开始，依此类推，一共有 5 个 p 标签。但实际上，单击每个 p 标签，都会弹出 5，如图 8-2 所示。

图　8-2

因为每个函数的作用域链中都保存着 load()函数的活动对象，所以它们引用的都是同一个变量 *i*。当 load ()函数调用后，变量 *i* 的值是 5，此时每个函数都引用着保存变量 *i* 的同一个变量对象，所以在每个函数内部 *i* 的值都是 5。但是，可以通过创建另一个匿名函数强制让闭包的行为符合预期，如示例 8-5 所示。

示例 8-5：

```
<!DOCTYPE html>
<html lang="en">
  <head>
    <meta charset="UTF-8">
    <title></title>
    <script type="text/javascript">
      function load() {
        var arr = document.getElementsByTagName("p");
        for(var i = 0; i < arr.length; i++) {
          arr[i].onclick = function(num) {
                      return function(){              //返回一个匿名函数
  alert(num);
}
          }(i)                                         //立即执行函数
        }
      }
    </script>
  </head>
  <body onload="load()">
    <div>
    <p>产品一</p>
    <p>产品二</p>
    <p>产品三</p>
    <p>产品四</p>
    <p>产品五</p>
    </div>
  </body>
</html>
```

在示例 8-5 中，没有直接把闭包的函数赋值到 click 事件中，而是定义了一个匿名函数，并将立即执行该匿名函数的结果赋值给 click 事件，这里的匿名函数有一个参数，也就是最终函数要打印的值，在调用每个匿名函数时，传入了变量 *i*。由于函数参数是按值传递的，所以就会将变量 *i* 的当前值复制给参数 num。而在这个匿名函数内部，又创建并返回了一个访问 num 的闭包。这样一来，p 标签的每个单击事件都有自己的 num 变量，因此就可以打印不一样的值了，如图 8-3 所示。

图　8-3

8.3　关于 this 对象

在闭包中使用 this 对象也可能会导致一些问题。this 对象运行时是基于函数的执行环境绑定的，在全局函数中，this 等于 window，而当函数被作为某个对象的方法调用时，this 等于该对象。不过，匿名函数的执行环境具有全局性，因此其 this 对象通常指向 window。但有时候由于编写闭包的方式不同，这一点可能不会那么明显。下面来看示例 8-6。

示例 8-6：

```
<!DOCTYPE html>
<html lang="en">
  <head>
    <meta charset="UTF-8">
    <title>this 对象</title>
    <script type="text/javascript">
       var name="Liny";                              //全局定义一个变量 name;
     console.log("全局中 this 指向："+this.name);     //打印 this.name;应该为 Liny

var o={                                              //创建一个对象 o
          name:"tom",                                //对象中定义一个 name;
          say:function(){                            //对象中创建一个方法
             console.log("对象中 this 指向"+this.name); //打印当前对象的 this.name
          }
      }
      o.say();                                       //调用对象的方法 say

      var f={                                        //创建一个对象 f
        name:"tina",                                 //对象中定义一个 name;
        say:function(){                              //对象中创建一个方法
```

```
            return function(){                          //方法内返回一个匿名函数
              console.log("对象中匿名函数 this 指向"+this.name);//匿名函数内打印 this.name
            }

          }
        }
        f.say()();                                      //调用对象 f 的 say()方法
</script>
  </head>
  <body>
  </body>
</html>
```

结果如图 8-4 所示。

图 8-4

以上代码先创建了一个全局变量 name，在全局中打印 this.name，打印出“Liny”，这里容易理解，因为此时的 this 指向全局 window，所以 this.name 就相当于 window.name。又创建了一个包含 name 属性的对象 o，o 对象包含一个方法 say()，在方法中打印出 this.name，由于这是在对象内，所以此时 this 指向对象 o，this.name 指向对象 o 的 name，即 o.name 为“tom”。还创建了一个包含 name 属性的对象 f，这个对象也包含一个方法 say()，它返回一个匿名函数，而匿名函数内打印出来的 this.name 不是“tina”，也就是此时的 this 指向了全局。那么这里为什么会指向全局呢？其实返回一个匿名函数就相当于返回了一个全局的函数，如示例 8-7 所示。

示例 8-7：

```
<!DOCTYPE html>
<html lang="en">
```

```
    <head>
        <meta charset="UTF-8">
        <title>this 对象</title>
        <script type="text/javascript">
         var f={
              name:"tina",
              say:function(){
                 return outsay;                    //返回 outsay，也就是之前的匿名函数
              }
          }
         function outsay(){                        //外部定义一个 outsay()函数
            console.log("对象中匿名函数 this 指向"+this.name);
         }
          f.say()();                               //调用 f 对象的 say()方法
        </script>
    </head>
    <body>
    </body>
</html>
```

也就是说，返回的匿名函数相当于返回了一个全局中的方法，所以此时的 this 指向全局，那么此时打印出 this.name 即为全局的“tina”。

每个函数在被调用时都会自动取得两个特殊变量：this 和 arguments。内部函数在搜索这两个变量时，只会搜索到其活动对象为止，因此不可能直接访问外部函数中的这两个变量。不过，把外部作用域中的 this 对象保存在一个闭包能够访问到的变量中，就可以让闭包访问该对象，如示例 8-8 所示。

示例 8-8：

```
<!DOCTYPE html>
<html lang="en">
    <head>
        <meta charset="UTF-8">
        <title>this 对象</title>
        <script type="text/javascript">
          var name="Liny";
         var f={
             name:"tina",
             say:function(){
                 var that=this;                    //用 that 保存 this 对象
                 return function(){
                     console.log("对象中匿名函数 this 指向"+that.name);
                 }
             }
          }
          f.say()();
```

```
    </script>
  </head>
  <body>
  </body>
</html>
```

结果如图 8-5 所示。

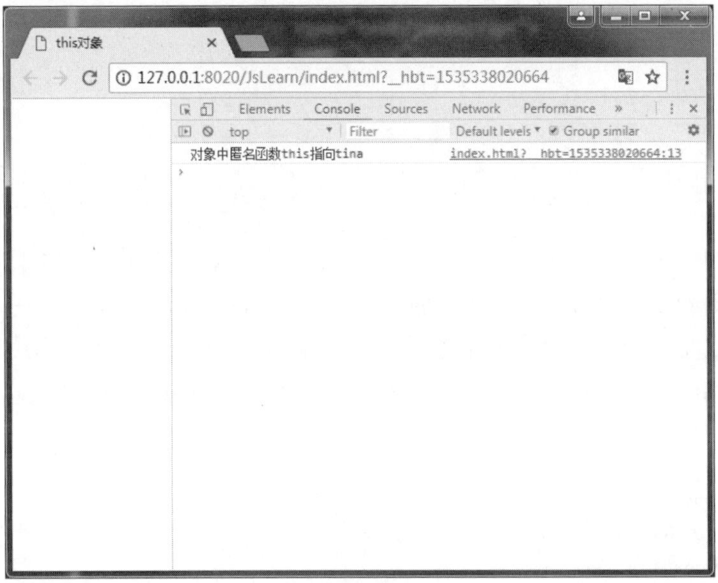

图　8-5

如图 8-5 所示，在定义匿名函数之前，把 this 对象赋值给了一个名叫 that 的变量。而在定义了闭包之后，闭包也可以访问这个变量，因为它是我们在包含函数中特意声名的一个变量。即使在函数返回之后，that 也仍然指向对象 f，所以此时的 that.name 就相当于 f.name，为“tina”。

8.4　内存泄漏

由于 IE 9 之前的版本对 JavaScript 对象和 COM 对象使用不同的垃圾收集例程，因此闭包在 IE 版本中会导致一些特殊的问题。具体来说，如果闭包的作用域链中保存着一个 HTML 元素，那么就意味着该元素将无法被销毁，如示例 8-9 所示。

示例 8-9：

```
<!DOCTYPE html>
<html lang="en">
  <head>
    <meta charset="UTF-8">
    <title>this 对象</title>
  </head>
```

```
    <body>
        <input type="button" value="单击" id="el">
            <script type="text/javascript">
            function hander(){
            var element = document.getElementById("el");
            element.onclick = function(){
            alert(element.id);
            };
            }
                hander();
            </script>
    </body>
</html>
```

以上代码创建了一个作为element元素事件处理程序的闭包，而这个闭包则又创建了一个循环引用(onclick事件)。由于匿名函数保存了一个对hander()的活动对象的引用，因此就会导致无法减少element的引用数。只要匿名函数存在，element的引用数至少也是1，因此它所占用的内存就永远不会被回收。不过，这个问题可以通过稍微改写一下代码来解决，如下所示。

```
function hander(){
    var element = document.getElementById("el");
    var id = element.id;
    element.onclick = function(){
        alert(id);
    };
    element = null;
}
```

在上面的代码中，通过把element.id的副本保存在一个变量中，并且在闭包中引用该变量消除了循环引用。但仅仅做到这一步，还是不能解决内存泄漏的问题。必须要记住：闭包会引用包含函数的整个活动对象，而其中包含element。即使闭包不直接引用element，包含函数的活动对象中也仍然会保存一个引用。因此，有必要把element变量设置为null。这样就能够解除对DOM对象的引用，顺利地减少其引用数，确保正常回收其占用的内存。

使用闭包需要注意以下两点。

(1) 由于闭包会使函数中的变量都被保存在内存中，内存消耗很大，所以不能滥用闭包，否则会造成网页的性能问题。

(2) 闭包会在父函数外部，改变父函数内部变量的值。所以，如果你把父函数当作对象使用，把闭包当作它的公用方法，把内部变量当作它的私有属性，这时一定要小心，不要随便改变父函数内部变量的值。

【单元小结】

- 匿名函数与闭包都是函数。
- 闭包是指有权访问另一个函数作用域中的变量的函数。
- 闭包比普通函数更占内存，要合理使用。

【单元自测】

1. JavaScript 有(　　)种命名函数方式。

   A. 1　　B. 2　　C. 3　　D. 4

2. 下列不包含匿名函数的是(　　)。

   A. function f(){alert("f")}

   B. var f=function(){alert("f")}

   C. function f(){return function(){alert("f")}}

3. 下面这段代码最后的结果是(　　)。

```
var a="jack";
var f={
  a:"rose",
  fun:function(){
    return function(){
      return this.a;
    }
  }
}
alert(f.fun()());
```

   A. "jack"　　B. undefind　　C. "rose"　　D. null

4. 下面这段代码 this 指向(　　)。

```
var name="张三";
  var obj={
      name:"小明",
      fun:function(){
        var that=this;
        return function(){
        return that.name;
        }
      }
  }
  f.fun()();
```

   A. "小明"　　B. undefind　　C. "张三"　　D. null

【上机实战】

上机目标

- 掌握闭包
- 掌握 this 作用域

上机练习

◆ 第一阶段 ◆

练习 1：利用闭包解决经典循环问题

【问题描述】

下面这段代码最终会输出什么？怎样改动使其依次输出 1、2、3、4、5？

```
for (var i = 1; i <= 5; i++) {
  setTimeout( function timer() {
      console.log(i);
  }, 1000 );
}
```

【问题分析】

(1) 这是一个循环，循环里面用了闭包，闭包只会获取最后的参数，那么我们只需要创建一个匿名函数就可以了。

(2) setTimeout 有两个参数，第一个参数是回调函数，第二个参数是毫秒数，表示要执行回调函数所要延迟的时间。但我们还需要知道的是，setTimeout 会返回一个 Id，即这个定时器的 Id，在上面的代码中其实已经创建了 5 个定时器，但是默认只返回了最后一个 Id，所以会先输出一个 5。代码如示例 8-10 所示。

示例 8-10：

```
for (var i = 1; i <= 5; i++) {
      (function(i){
            setTimeout(function timer() {
                  console.log(i);
            },   1000 );
      })(i);
}
```

练习 2：闭包运行机制解释

【问题描述】

下面代码中 a、b、c 3 行的输出分别是什么？解释结果。

```
function fun(n,o){
    console.log(o);
    return {
        fun:function(m){
            return fun(m,n);
        }
    };
}
var a = fun(0);a.fun(1);a.fun(2);a.fun(3);
var b = fun(0).fun(1).fun(2).fun(3);
var c = fun(0).fun(1);c.fun(2);c.fun(3);
```

【拓展作业】

完成下面的菜单导航，由 ul 组成，用闭包完成以下要求：单击每个菜单，弹出“我是第+序列号+个菜单，内容是+菜单标题”，如图 8-6 所示。

图　8-6

单元 九

JavaScript 特效制作

课程目标

- ▶ 掌握常用的样式
- ▶ 使用 DOM 动态改变元素的样式
- ▶ 掌握样式在页面中的应用方法

简 介

我们在《HTML网页设计》一书中曾学习过样式。通过使用样式，让页面丰富多彩，使页面更具有观感性。前面定义的样式是静态的，可以使用JavaScript来控制CSS样式，从而能动态地改变页面或局部区域的显示外观，这就是样式特效。本单元和后面的章节将为大家介绍网站常见的特效及其制作。

9.1 CSS样式

回想一下，在HTML中先定义了某个样式，页面的元素引用了这个样式，就不会再改变了。在页面上和用户交互时，初始是一种样式，当用户在页面上有了某种动作或页面上产生了某个事件时，可以动态地改变原有的样式。在开始特效学习之前，先回顾一下原来学过的样式。

9.1.1 样式的分类

根据样式代码所在的位置不同，可以把样式分成三种类别，分别是行内样式、内嵌样式和外部样式表。

1. 行内样式

行内样式是指指定页面元素的style属性。一旦页面的某个元素使用了行内样式，在style中指定的多个样式值，就会对该元素起作用。注意，多个样式的值使用“;”隔开。行内样式语法如下：

```
<元素 style= "一个或多个样式值">
```

使用行内样式有个特点，但也是它的缺点，即只能修饰某个页面元素，如果页面内有很多类似的元素都要使用同一个样式，则使用行内样式就会很烦琐。那么，就要使用内嵌样式。

2. 内嵌样式

内嵌样式也叫内嵌样式表，在<style>标签中把诸多的样式值组成样式表并指定一个样式名称，并把<style>标签放在<head>标签中。根据在页面应用样式的选择器的不同，又可以细分成以下三种。

(1) HTML选择器：使用HTML标签名称作为选择器。

(2) Class选择器：使用“类名”作为选择器。

(3) ID选择器：使用“#ID名”作为选择器。

3. 外部样式表

在单个页面中可以使用内嵌样式表，如果在同一个站点的不同页面中要应用同一个样式，怎么办呢？解决方法是把所有的样式写在一个样式文件里面，在要使用样式的页面中导入该样式文件，这样就可以达到风格统一，代码冗余度低的要求。根据导入外部样式文件方式的不同，可以细分为以下两种。

(1) 链接外部样式表：<link rel= "stylesheet" type ="text/css" href= "样式文件.css">。

(2) 导入外部样式表：<style type ="text/css">@import 样式文件.css </style>。

9.1.2 样式的综合应用

综合使用行内样式和内嵌样式来实现搜狐通行证效果，如图 9-1 所示，不使用样式的页面效果如图 9-2 所示，代码如示例 9-1 所示。

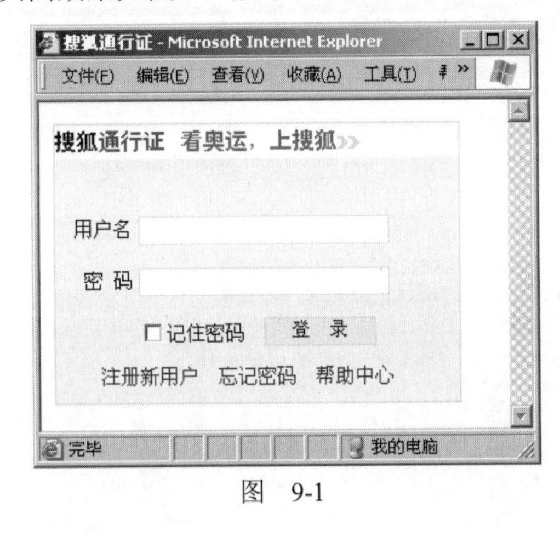

图 9-1

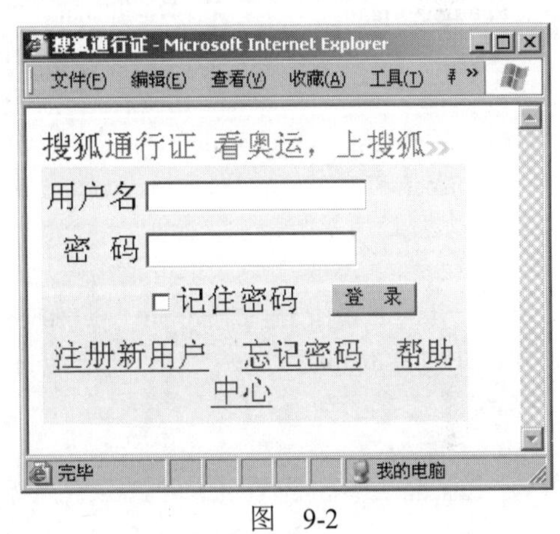

图 9-2

示例 9-1：

```
<html>
<head>
<meta charset="utf-8" />
<title>搜狐通行证</title>
<style type="text/css">
td{ font-family:"宋体" ; font-size:14px; height:20px;}
.in{
  border-style:solid; border-width:1px; border-color: #FFFF33; width:180px;height:20px;
}
.btn{
  border-style:solid; border-width:1px; border-color: #FFFF33; width:80px; height:20px;
  text-align:center; background-color:#FFFF99;
}
a{ text-decoration:none; }
span{ font-family:"黑体"; font-size:16px; }
```

```
.div1{
    width:290px; height:170px;border-style:solid; border-width:1px; border-color:#FFFF33;margin:auto;
}
</style>
</head>
<body>
<div class="div1">
<span>搜狐</span><span style="color:#FF0000">通行证</span> <span style=" color:#666666" >看奥
运，上搜狐</span><img src="images/pic002.gif">
<table bgcolor="#FFFFCC" width="290" height="170" >
<tr>
<td colspan="3"> </td>
</tr>
<tr>
<td align="right">用户名</td><td colspan="2" ><input type="text" class="in"/></td>
</tr>
<tr>
<td    align="right">密码</td>
<td colspan="2" ><input type="password"    class="in" /></td>
</tr>
<tr>
<td > </td><td colspan="2"><input type="checkbox" />记住密码  
<input type="button" value="登录" class="btn"></td>
</tr>
<tr>
<td colspan="3" align="center"><a href="#">注册新用户</a>  
<a href="#">忘记密码</a>  <a href="#">
帮助中心</a>  </td>
</tr>
</table>
</div>
</body>
</html>
```

9.2 常用的样式

CSS 标准中的常用样式使用“:”来指定名/值对，样式的名字也常使用“-”符号。

9.2.1 背景和字体样式

常用的背景和字体样式如表 9-1 所示。

表 9-1 常用的背景和字体样式

样式名称	说明
background-color	设置背景颜色
background-image	设置背景图片，使用 url("图片路径")
background-attachment	背景图像是否固定或者随着页面的其余部分滚动
background-repeat	设置背景图片是否重复 repeat、repeat-x、repeat-y、no-repeat
font-family	设置字体的类型：宋体、隶书
font-size	设置字体大小，单位 px
font-style	设置字体的风格：normal、italic、oblique
border-style	设置边框的风格：none、hidden、dotted、dashed、solid
color	设置文本的颜色
text-align	设置文本的对齐方式
cursor	设置光标的形状：auto、default、pointer、progress、move

9.2.2 位置、边框和可见性样式

CSS 中有关位置、边框和可见性的样式如表 9-2 所示。

表 9-2 CSS 中有关位置、边框和可见性的样式

样式名称	说明
position	设置位置 absolute、relative、fixted
top, left, bottom, right	设置元素距上、左、下、右边界的距离，单位 px
padding-top,padding-right	设置元素间的间距
padding-bottom, padding-left	设置元素间的间距
width, height	设置元素的宽度和高度
z-index	设置一个元素间重叠次序，指定元素的 z 轴坐标
display	设置元素是否显示，block 显示，none 不显示
visibility	设置元素是否可见，block 可见，none 不可见
overflow	设置实际尺寸大于设定尺寸时如何做

9.2.3 组合样式

在页面中，经常把诸多样式组合在一起，形成组合样式。常用的组合样式如表9-3所示。

表 9-3 常用的组合样式

样式名称	说明
超链接样式	a {text-decoration:none;} a:link, a:visited{ color:#666; text-decoration:none; } a:hover { color:#FFF;text-decoration:none; }
细边框样式	.thinborder {border-style:solid ; border-width:1px}

(续表)

样式名称	说明
层样式	.layer{z-index:2; display:none; position:absolute; top:0px; left:0px; background-color: #999999; width:0px; height:0px;}
图片样式	.btn{ background-image:url(pics/logo.jpg); border:0px; margin:0px; padding:0px; height:40px; width:80px;}

下面重点来讨论 border、margin、padding 样式，border 通常是指围绕页面元素的矩形边框。可以使用 CSS 属性指定它的样式，如颜色、风格、宽度等。例如，border: solid black 1px;指定1px 黑色的实线边框；border: 3px dotted red;指定3px 红色的点画线边框。这样，页面元素上下左右4个边框具有相同的样式，同时，还可以使用 border-top-width、border-top-style、border-top-color 等属性来分别设置4个边框的宽度、风格、颜色。margin 和 padding 属性用来指定页面元素周围的空白区域。margin 属性用来指定页面元素边框外的和邻近元素间的空白区域，而 padding 属性用来指定页面元素内容与边框内的空白区域。图9-3中，容器内容区域和其边框间的空白区域使用 padding-top、padding-right、padding-left、padding-bottom 来指定。同时，使用 top 和 left 属性在容器中添加子容器，子容器内容区域和其边框间也使用 padding 属性。

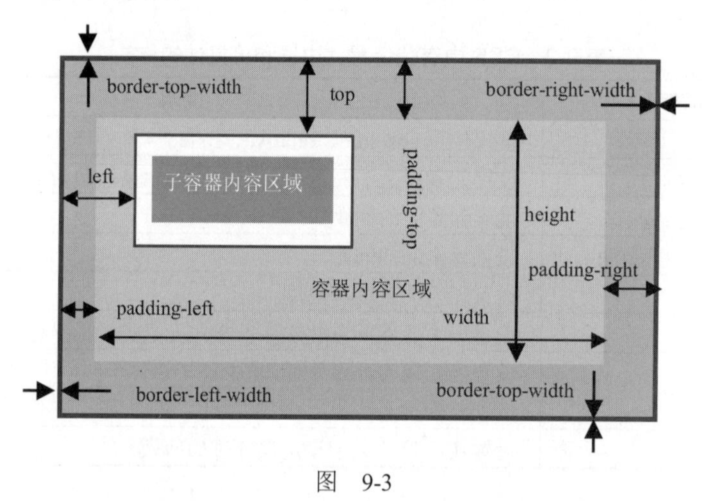

图 9-3

9.3 DOM 对 CSS 的支持

DOM 从 Level 2 版本开始全面支持 CSS，用户可以使用 DOM 来操作页面元素的 CSS 值，主要是通过使用 JavaScript 来修改页面元素的 style 属性达到修改 CSS 值的方式。为了便于修改页面元素的 CSS 值，在 CSS 属性值和 DOM 的 style 属性值之间有个映射。表 9-4 列出了它们之间的对应关系。

DOM 的样式如表 9-4 所示。

表 9-4 DOM 的样式

CSS 样式名称	DOM Level 2 属性
background-color	backgroundColor
background-image	backgroundImage
background-repeat	backgroundRepeat
font-family	fontFamily
font-size	fontSize
font-style	fontStyle
border-style	bordeStyle
color	color
text-align	textAlign
cursor	cursor
position	position
top, left, bottom, right	top, left, bottom, right
width, height	width, height
z-index	zIndex
display	display
visibility	visibility
overflow	overflow

9.3.1 行内样式的操作

DOM API 中提供了 Style 对象来作为页面元素的属性。这个对象是用来描述页面元素或 HTML 标签中的 style 属性。这样就可以对页面元素的样式做些小的改变。在示例 9-1 中，样式是静态的。希望能够动态地改变样式，使页面具有交互性，可以通过使用事件来实现。在示例 9-2 中，给两个输入框都添加鼠标事件，当鼠标指针移到输入框时，输入框的背景色变成绿色，鼠标指针移出时变回原来的白色。同时，超链接的文字在鼠标指针移上去时变大，移出时变回原来的大小。鉴于篇幅有限，省略了样式，增加的代码使用黑体。

示例 9-2：

```
<html>
<head>
<meta charset="utf-8" />
<title>搜狐通行证</title>
<style type="text/css">
...此处省略示例 9-1 定义的样式
</style>
</head>
<body>
<div class="div1">
```

```
<span>搜狐</span><span style="color:#FF0000">通行证</span>
<span style=" color:#666666" >看奥运，上搜狐</span><img src="images/pic002.gif">
<table bgcolor="#FFFFCC" width="290" height="170" >
<tr>
<td colspan="3"> </td>
</tr>
<tr>
<td align="right">用户名</td><td colspan="2" >
<input type="text" class="in"
onmouseover ="this.style.backgroundColor='green'"
onmouseout ="this.style.backgroundColor='white'"/>
</td>
</tr>
<tr>
<td   align="right">密码</td>
<td colspan="2" >
<input type="password"   class="in"
onmouseover ="this.style.backgroundColor='green'"
onmouseout ="this.style.backgroundColor='white'" /></td>
</tr>
<tr>
<td > </td><td colspan="2"><input type="checkbox" />记住密码  
<input type="button" value="登录" class="btn"></td>
</tr>
<tr>
<td colspan="3" align="center">
<a href="#" onmouseover="this.style.fontSize='25px' "
onmouseout="this.style.fontSize='14px'   " >
注册新用户</a>  
<a href="#" onmouseover="this.style.fontSize='25px ' "
onmouseout="this.style.fontSize='14px' " >
忘记密码</a>  
<a href="#" onmouseover="this.style.fontSize='25px' "
onmouseout="this.style.
fontSize='14px'   " >帮助中心</a>  </td>
</tr>
</table>
</div>
</body>
</html>
```

显示结果如图 9-4 和图 9-5 所示。

可以看出，示例 9-2 具有局限性，它只能够改变页面元素的style属性的某个具体的值。如果想通过事件来改变页面元素的诸多style属性的值，就需要使用“,”将这些值分隔开来，代码可读性差。解决这个问题，可以使用Class来改变样式。

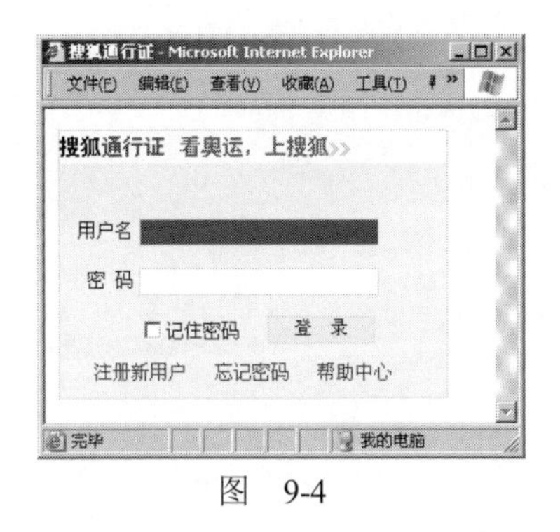

图　9-4

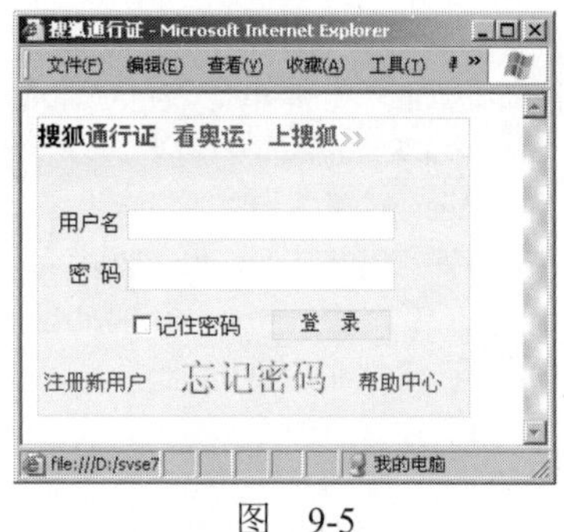

图　9-5

9.3.2　使用 Class 改变样式

在 CSS 中学习了类选择器，就是把诸多的样式值形成列表，放在一个命名的类中，在页面元素中使用 class 属性来引用这个类，从而页面元素应用了预定义的样式。示例 9-2 的代码中，输入文本框<input type= "text" class = "in1">就是这样做的。这里希望在一开始时，页面元素应用预定义的样式 in1，当页面中某个事件产生时，页面元素的样式改变成样式 in2，那么怎么实现呢？想想，如果能够改变 class 的值，不就可以实现上述的要求了吗？显然，可以使用 JavaScript 代码来完成上面的要求。在 DOM 中，页面元素的 class 属性可以使用 className 属性来替换。再来改进示例 9-1 的代码，给按钮增加背景图片，同样使用鼠标事件，使鼠标指针移入和移出的背景图片不一样，同时按钮上的文字也不同。代码片段如示例 9-3 所示，增加的部分用黑体标识。

示例 9-3：

```
<html>
<head>
<meta charset="utf-8" />
<title>搜狐通行证</title>
<style type="text/css">
…此处省略示例 9-1 定义的样式
/*新加的鼠标指针移出样式*/
.mOut{
   background-image: url(images/logon1.jpg);
   margin:0px;border:0px;padding:0px;width:70px;height:20px;
}
/*新加的鼠标指针经过样式*/
.mOver{
   background-image:url(images/logon2.jpg);
   margin:0px;border:0px;padding:0px;width:80px;height:20px;
}
</style>
</head>
<body>
```

```
<div class="div1">
<span>搜狐</span><span style="color:#FF0000">通行证</span>
<span style=" color:#666666" >看奥运，上搜狐</span>
<img src="images/pic002.gif">
<table bgcolor="#FFFFCC" width="290" height="170" >
<tr>
<td colspan="3"> </td>
</tr>
<tr>
<td align="right">用户名</td><td colspan="2" >
<input type="text" class="in"
onmouseover ="this.style.backgroundColor='green'"
onmouseout ="this.style.backgroundColor='white'"/>
</td>
</tr>
<tr>
<td   align="right">密码</td>
<td colspan="2" >
<input type="password"   class="in"
onmouseover ="this.style.backgroundColor='green'"
onmouseout ="this.style.backgroundColor='white'" /></td>
</tr>
<tr>
<td > </td><td colspan="2"><input type="checkbox" />记住密码  
<input type="button" value="登录" class="btn"
onmouseover="this.className='mOver'"
onmouseout="this.className='mOut'"></td>
</tr>
<tr>
<td colspan="3" align="center">
<a href="#" onmouseover="this.style.fontSize='25px' "
onmouseout="this.style.fontSize='14px'" >注册新用户</a>  
<a href="#" onmouseover="this.style.fontSize='25px ' "
onmouseout="this.style.fontSize='14px'" >忘记密码</a>  
<a href="#" onmouseover="this.style.fontSize='25px' "
onmouseout="this.style.fontSize='14px'" >
帮助中心</a>  </td>
</tr>
</table>
</div>
</body>
</html>
```

9.4 样式和层在页面中的综合应用

打开新浪和雅虎、搜狐等门户站点，查看源代码，会发现使用最多的是样式。因为样式使页面变得绚丽多彩。同时，也会发现，这些站点无一例外都在使用层。因为层使页面的布局变得更复杂，页面的交互性能变得更强大。下面将针对层和样式这两个页面使用最多的内容来详细解剖。

9.4.1　使用层来布局页面

还是看搜狐的通行证页面，如图 9-6 所示。使用层<div>，大致把该页面分为上、中、下三个区域。其中，中间的区域可以分为 4 个，每个区域可以使用层来实现。

同时，要使各个层放置在不同的地方，就要使用层的样式来设置层的相对位置。使用<div>的 style 属性的 position 值可以设置定位方式。示例 9-4 给出了搜狐通行证页面的实现。登录部分在示例 9-1 中已经实现，这里使用一张图片来替代。

图　9-6

示例 9-4：

```
<html>
  <head>
  <meta charset="utf-8" />
  <title>通行证-搜狐</title>
  </head>
<body>
<div   id="toplayer" style="width:766px; width:69px; ">
```

```
    <img src="images/passportlogo.jpg" width="773"/>
</div>
    <div id="midlayer" style="width:770px; height:435px; background-color:#FFFF66; position:relative;
top:10px; left:1px;" >
<div id="m1"style="position:relative; top:10px; left:10px; width:458; height:304px;">
            <img src="images/remark.jpg"></div>
<div id="m2"style="width:288px;height:168px;position:absolute;top:10px; left:470px;">
          <img src="images/loginpic.jpg"></div>
<div id="m3"style="width:454px; height:99px; position:relative; top:10px; left:10px;">
          <img src="images/pic.jpg"></div>
<div id="m4"style="width:289; height:199px; position:absolute; top:220px; left:470px;">
            <img src="images/links.jpg" ></div>
    </div>
<div id ="bolayer"
style="position:relative;width:769px;height:69px;
  top:10px; left:1px;">
    <img src="images/bottom.jpg">
</div>
</body>
</html>
```

代码中，style属性的position值是最难理解的，从表9-2得知，position的取值有absolute、relative。absolute表示绝对的，relative表示相对的。这里需要搞清楚页面的绝对坐标，页面的左上角坐标是(0,0)。示例的层toplayer没有给出position、top和left的值，默认使用absolute来放置第一层。中间层midlayer给出了position的值relative、top=10px、left=1px。如果这些值不指定，midlayer层就会默认地被放置在紧挨在toplayer的下面。这个位置是midlayer的默认位置，指定了这三个值后，midlayer的位置就变成了相对于自己的默认位置在高度方向上有10px的距离，在水平方向上有1px的距离。这就是relative的意思，即总是相对于自己默认的位置。想想最下面的bolayer是如何设置的，它的默认位置是哪里呢？

同时，还要理解层中层，即在层里面放置层。外面的层叫父层，里面嵌套的层叫子层。使用z-index的值来设置各个子层的叠放顺序。z-index的值越大，表示在最上面。如果z-index的值相同，就出现如何在同一个父层中放置多个层的问题。midlayer层中要放置 4 个层：m1、m2、m3、m4。这里要说明的是，如果父层不指定position值，那么子层的绝对位置是使用页面的坐标原点(0,0)，如果指定了position的值，子层的绝对位置是使用层的原点。看一看示例中的m2和m4这两个层，position 的值都是absolute，top的值分别是10px和470px，都是相对于midlayer层的绝对坐标。m1和m3的position的值指定的是relative。那么，它们默认的位置又是哪里呢？对照上面的讲法，读者自己思考一下，就会对层的position的值理解得更为深刻。

9.4.2　层的特效制作

从表 9-2 可知，style有个display属性，取值分别是block、none、inline，默认值是block，用于显示内容。display属性作用很大，被广泛地使用在页面的设计中。打开新浪和搜狐的主页，可以看到带关闭按钮的对联效果，如淘宝页面的游戏点卡的购买、雅虎网站的Tab切换效果等。这些特效的制作都使用了CSS样式中的display属性，用它来控制页面的元素是否显示。

1. 新浪首页的 Tab 切换效果

打开新浪的站点，可以看到页面左边的Tab切换效果，如图 9-7 所示。当鼠标指针移动到“培训”上时，关于培训的超链接列表全部显示，“招生”和“出国”也一样。分析一下，要实现这个功能其实并不难，可以使用鼠标事件来让对应的层显示和隐藏。使用CSS中style的display属性来控制显示和隐藏，设置层的display属性的值，display的值为block时，层是显示的，display的值是none时，层是隐藏的。这里有一点要说明，其实CSS中还有一个visibility属性，也可以应用到层的显示和隐藏上。这里为何不使用呢？这两个属性还是有点小的差异的。visibility属性的值设置成true，也能达到元素不显示的目的，可是它却让元素占用了页面的空间，而display则不会。代码如示例 9-5 所示。

图　9-7

示例 9-5：

```
<html>
  <head>
    <meta charset="utf-8" />
    <title>新浪首页</title>
    <style type="text/css">
      td {font-family: "宋体";font-size: 16px;text-align: center;}
      ol li {float: left;width: 100px;display: block;text-align: center;}
      * {margin: 0;padding: 0;}
      li {list-style: none;height: 30px;line-height: 30px;}
```

```
        div {width: 400px;border: 1px solid rgba(0, 0, 0, 0.1);background: rgba(0, 0, 0, 0.05);margin: auto;}
        .div {background: rgba(0, 0, 0, 0.05);padding-left: 30px;box-sizing: border-box;}
    </style>
    <script type="text/javascript">
        function doAction1(dom) {
            var div = document.getElementsByClassName("div");
            var li = document.getElementsByClassName("li");
            var id = dom.getAttribute("data-id");
            for(var i = 0; i < div.length; i++) {
                if(div[i].getAttribute("data-id") == id) {
                    dom.style.color = "red";
                    div[id].style.display = "block";
                } else {
                    li[i].style.color = "#999";
                    div[i].style.display = "none";
                }
            }
        }
    </script>
</head>
<body>
    <div style="margin: auto;">
        <ol>
            <li onmouseover="doAction1(this)" data-id="0" class="li">教育</li>
            <li onmouseover="doAction1(this)" data-id="1" class="li">培训</li>
            <li onmouseover="doAction1(this)" data-id="2" class="li">招生</li>
            <li onmouseover="doAction1(this)" data-id="3" class="li">出国</li>
        </ol>
        <div style="clear: both;"></div>
    </div>
    <div style="display: block;" class="div" data-id="0"><ul>
            <li><a href="#">09 海外名牌大学权威指南</a></li>
            <li><a href="#">北大企业家在职/脱产班</a></li>
            <li><a href="#">清华投资基金/上市二期 </a></li>
            <li><a href="#">中科院项目管理/计算机</a></li>
            <li><a href="#">北大 CEO 总裁 EMBA 班热招</a></li>
            <li><a href="#">北京吉利大学全国扩招！ </a></li>
            <li><a href="#">清华日本樱美林大学热招</a></li>
            <li><a href="#">复旦 EMBA 管理前沿论坛</a></li>
    </ul></div>
    <div style="display:none" class="div" data-id="1"><ul>
            <li><a href="#">医师/药师/造价/房估</a></li>
            <li><a href="#">北外自考·留学·外语培训</a></li>
            <li><a href="#">北京大学高级管理课程</a></li>
            <li><a href="#">提升英语能力，笑傲职场</a></li>
            <li><a href="#">经济师/造价/药师/报关</a></li>
            <li><a href="#">北京大学网络教育 08 秋招</a></li>
```

```
            <li><a href="#">知名酒店管理学院报名!</a></li>
            <li><a href="#">首经贸经济学院在职研究生!</a></li>
        </ul></div>
        <div style="display:none" class="div" data-id="2"><ul>
            <li><a href="#">最火高中生留学国际预科</a></li>
            <li><a href="#">北京化工大学会计招生</a></li>
            <li><a href="#">北外英语学历·培训·留学</a></li>
            <li><a href="#">人大高端培训-转识成智</a></li>
            <li><a href="#">学 IT 技术，拿名校学历</a></li>
            <li><a href="#">学动漫游戏，拿名校学历</a></li>
            <li><a href="#">西北工大成教、网教招生</a></li>
            <li><a href="#">外经贸 EMBA 学历</a></li>
        </ul></div>
        <div style="display:none" class="div" data-id="3"><ul>
            <li><a href="#">！！加成移民留学专家</a></li>
            <li><a href="#">08 美国名校本硕学位预科</a></li>
            <li><a href="#">英澳韩名校预科直升本科</a></li>
            <li><a href="#">人大英国本硕课程补录</a></li>
            <li><a href="#">08 留学海外名校奖学金！</a></li>
            <li><a href="#">8.30 美校方直招面试会</a></li>
            <li><a href="#">英美澳加法!</a></li>
            <li><a href="#">读研不如学 ACCA 或 CFA！</a></li>
        </ul></div>
    </body>
</html>
```

【单元小结】

- 样式表有 3 种：行内样式表、内嵌样式表和外部样式表。
- DOM 对 CSS 提供支持，可以使用 DOM 来改变页面元素的样式。
- 现在的站点大都使用层布局页面。
- 使用层和 CSS 可以制作仿 Windows 关机效果的页面特效。

【单元自测】

1. 下列(　　)属性能够实现层的隐藏。

A. display:false　　B. display:none

C. display:block　　D. display:inline

2. 将鼠标指针移到超链接上，超链接的文字就变大了，一般使用鼠标的(　　)事件来实现。

A. onblur()　　B. onmouseup()

C. onmousemove()　　D. onmouseover()

3. 下列选项不属于文本属性的是(　　)。

A. font-size　　B. font-style

C. text-align　　D. font-color

4. 预先定义一个样式 pic，用来改变按钮的样式，实现背景图片的改变，使用(　　)方法。

A. onmouseover = "this.className= 'pic'"

B. onmouseover = "className= 'pic'"

C. onmouseover = "this.style.className= 'pic'"

D. this.style.className= 'pic'

5. 下面关于<div>说法正确的是(　　)。

A. 当页面上有多个层时，z-index 的值越小，层越在前面

B. 当页面上有多个层时，z-index 的值越大，层越在前面

C. 层的 display 值是 inline，意味着按块显示，换行显示

D. 层的 display 值是 block，意味着按行显示，和其他元素同一行显示

【上机实战】

上机目标

- 掌握 CSS 常用的属性
- 利用 CSS 制作页面特效

上机练习

◆ 第一阶段 ◆

练习 1：仿“中华英才网”搜索职位功能

【问题描述】

编写页面，实现中华英才网 http://www.chinahr.com 的搜索职位的功能，初始界面如图 9-8 所示。在职位类别按钮上单击鼠标，弹出选择职位的层，如图 9-9 所示，弹出的层上显示与计算机相关的所有职位，用户可以选择最多 5 个职位。单击【确定】按钮，职位层将隐藏，同时，所有选择的值都显示在【职位搜索】按钮上，如图 9-10 所示。本例中，只实现职位的类别功能，工作地点和行业类别的实现与其相同。

【问题分析】

(1) 本例实际上是层和表单事件的联合应用，职位类别是一个层，初始状态是不显示的，当用户单击按钮时，显示该层。

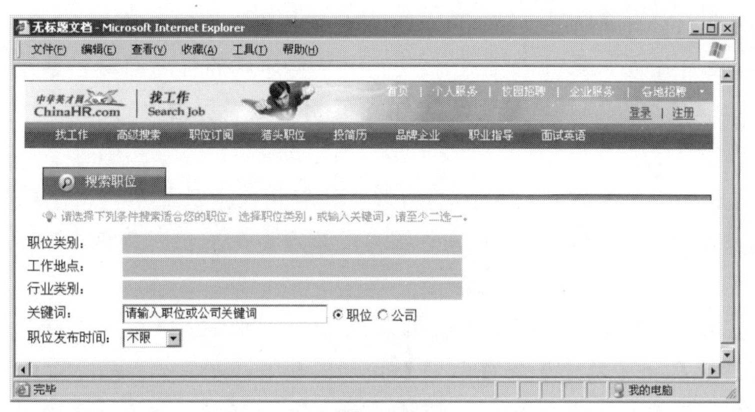

图　9-8

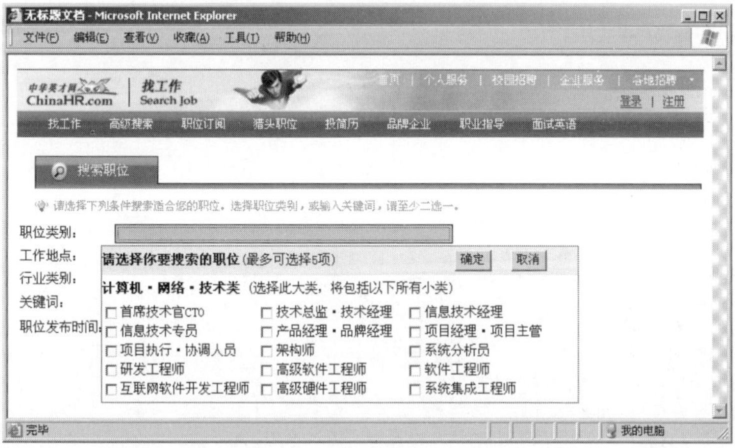

图　9-9

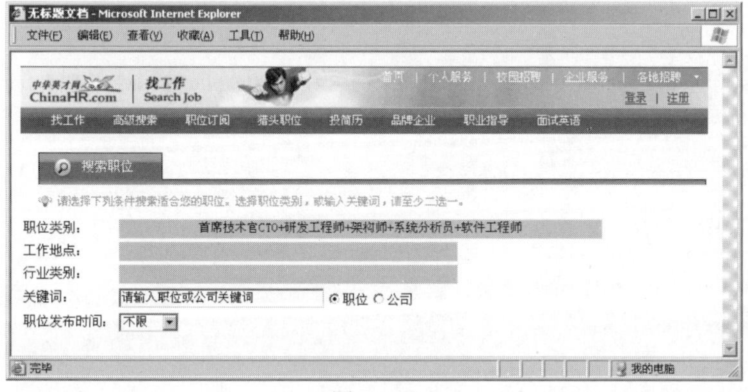

图　9-10

(2) 层上放置表单元素——多个复选框、2 个按钮，单击每个复选框，可以把复选框的值存放到数组中，并判断用户是否选择了 5 次，单击【确定】按钮时，层隐藏，同时把数组中的值设置在【输入】按钮上，清空数组元素，所有选中的复选框为取消选中状态。

(3) 单击【取消】按钮时，层隐藏，清空数组元素，所有选中的复选框为取消选中状态。

【参考步骤】

(1) 新建一个 HTML 网页，将网页标题设为“中华英才网工作搜索”。

(2) 分别建立 3 个层，第 1 个层用来放置中华英才网的标题图标，第 2 个层用来放置一个表格，显示职位搜索等表单元素。第 3 个层用来放置要搜索的职位信息，同样是表和表单元素。该层设置为不显示。

(3) 编写【职位类别】按钮的 show()函数，让职位搜索层显示。由于 IE 6.0 的问题，下拉列表不能被层遮住(IE 7.0 更正了这个漏洞)，必须要让下拉列表框在职位搜索层显示的时候隐藏，不然，下拉列表将显示在层上。

(4) 设置全局变量 jobconter 和数组用来记录用户单击复选框的次数和存放用户选择的职位。编写搜索层的【确定】和【取消】按钮函数 makeSure()、cancel()。

(5) 编写搜索层复选框的 addItems()函数，把用户选择的职位加入数组中，同时判断用户选择的次数有没有超过 5 次。

(6) 编写 clearChoices()函数用来让职位搜索层上的所有复选框不选中。同时让次数计数器清零，数组清空。

(7) 完整代码如示例 9-6 所示。

示例 9-6：

```
<html>
<head>
<meta charset="utf-8" />
<title>无标题文档</title>
<style type="text/css">
td{ font-family:"宋体";font-size:14px;}
.in{border-style:solid; border-width:1px;
border-color:#66FF99; background-color:#66FF66;
}
.divStyle{
position:absolute; display:none; z-index:200; top:199px; left:100px; border-style:solid; border-width:1px;
border-color:#FF3300; width: 513px; height: 165px; background-image:url(images/back.JPG)
}
</style>
<script type="text/javascript" >
    var   job = new Array(); //存放用户选择的职位
    var jbocounter = 0 ; //用户单击次数计数器
   function show(lay)
   {
       document.getElementById(lay).style.display = "block";
    document.getElementById("sel").style.visibility = "hidden"; //隐藏下拉列表框
   }
   function makeSure(param1,param2)
   {
//隐藏职位搜索层
document.getElementById(param1).style.display = "none";
```

```
//显示下拉列表框
  document.getElementById("sel").style.visibility = "visible";
//显示值到按钮上
  document.getElementById(param2).value= job.join("+");
//取得所有搜索层复选框
  var checks = document.getElementsByName("work");
  clearChoices(checks); //搜索层复选框不选择
   }
  function cancel(param)
  {
    document.getElementById(param).style.display = "none";
  document.getElementById("sel").style.visibility = "visible";
    var checks = document.getElementsByName("work");
  clearChoices(checks);
   }
 function addItems(items,obj){
          job[jbocounter] = items;
    jbocounter++;
    if(jbocounter > 5 )
    {
       alert("只能够选择 5 项");
       obj.checked = false ;
     }
   }
   function clearChoices(cks)
   {
      for(var i = 0 ; i < cks.length ; i++)
     {
      cks[i].checked = false ;
     }
    job.length = 0 ; //清空数组元素
    jobcounter = 0 ; //单击次数计数器清零
   }
</script>
</head>
<body>
<div>
<img src="images/chinahrlogo.bmp" />
</div>
<div style="z-index:0;">
<table border="0">
<tr><td>职位类别：</td>
<td><input id="btn1"class="in"type="button" size="50"
value="                                          " onClick="show('div1')"></td>
</tr>
<tr><td>工作地点：</td>
<td><input id="bnt2"    class="in"type="button" size="50"
```

```
value="                                        " onClick="show('div2')" ></td>
</tr>
<tr><td>行业类别：</td>
<td><input  class="in"type="button" size="50"
 value="                                   " onClick="show('div3')"></td>
</tr>
<tr><td>关键词：</td><td>
<input type="text" size="30" value="请输入职位或公司关键词">
<input type="radio"  checked>职位<input type="radio" >公司</td>
</tr>
<tr><td>职位发布时间：</td><td><select id="sel" >
<option>不限</option><option>当天</option><option>3 天</option><option>7 天</option><option>一
个月</option></select></td>
</tr>
</table>
</div>
<div id="div1" class="divStyle">
<table cellspacing="0" cellpadding="0" width="513" border="0">
  <tr>
  <td colspan="5" height="30" bgcolor="#FFFF66"><strong>请选择你要搜索的职位</strong>(最多可
  选择 5 项)</td>
  <td bgcolor="#FFFF66" align="center">
<input onClick="makeSure('div1','btn1')" type="button" value="确定"/>
   
<input onClick="cancel('div1','btn1')" type="button"
 value="取消"/></td>
    </tr>
    <td colspan="6" height="30">
     <strong>计算机·网络·技术类</strong> (选择此大类，将包括以下所有小类)</td>
    </tr>
    <tr>
    <td width="4%">
    <input onClick="addItems('首席技术官 CTO',this)"
type="checkbox"  name="work"/>
    </td>
     <td align="left" width="29%">首席技术官 CTO</td>
     <td width="4%">
  <input onClick="addItems('技术总监·技术经理',this)"
 type="checkbox"  name="work"/>
 </td>
     <td align="left" width="27%">技术总监·技术经理</td>
    <td width="4%">
    <input onClick="addItems('信息技术经理',this)" type="checkbox" name="work"/>
    </td>
     <td align="left" width="32%">信息技术经理</td>
    </tr>
   <tr>
```

```
<td>
    <input onClick="addItems('信息技术专员',this)"
type="checkbox" name="work" />
        </td>
        <td align="left" width="29%">信息技术专员</td>
        <td>
            <input onClick="addItems('产品经理·品牌经理',this)"
 type="checkbox" name="work" />
        </td>
        <td align="left" width="27%">产品经理·品牌经理</td>
        <td>
            <input onClick="addItems('项目经理·项目主管',this)"
type="checkbox" name="work"   />
        </td>
        <td align="left" width="32%">项目经理·项目主管</td>
      </tr>
      <tr>
        <td>
            <input onClick="addItems('项目执行·协调人员',this)"
type="checkbox" name="work" />
        </td>
        <td align="left" width="29%">项目执行·协调人员</td>
        <td>
          <input onClick="addItems('架构师',this)"
type="checkbox"   name="work"/>
        </td>
        <td align="left" width="27%">架构师</td>
        <td>
            <input onClick="addItems('系统分析员',this)"
type="checkbox" name="work" />
        </td>
        <td align="left" width="32%">系统分析员</td>
      </tr>
      <tr>
        <td>
            <input onClick="addItems('研发工程师',this)"
type="checkbox" name="work" />
        </td>
        <td align="left" width="29%">研发工程师</td>
        <td>
            <input onClick="addItems('高级软件工程师',this)"
type="checkbox" name="work"/>
        </td>
        <td align="left" width="27%">高级软件工程师</td>
        <td>
        <input onClick="addItems('软件工程师',this)"
type="checkbox" name="work" />
```

```
            </td>
            <td align="left" width="32%">软件工程师</td>
        </tr>
        <tr>
            <td>
                <input onClick="addItems('互联网软件开发工程师',this)"
type="checkbox"name="work" />
            </td>
            <td align="left" width="29%">互联网软件开发工程师</td>
            <td>
                <input onClick="addItems('高级硬件工程师',this)"
type="checkbox" name="work"/>
            </td>
            <td align="left" width="27%">高级硬件工程师</td>
            <td>
                <input onClick="addItems('系统集成工程师',this)"
 type="checkbox" name="work"/>
            </td>
            <td align="left" width="32%">系统集成工程师</td>
        </tr>
</table>
</div>
</body>
</html>
```

练习 2：实现淘宝网“游戏”“手机”“机票”“酒店”切换

【问题描述】

编写一个仿淘宝网游戏点卡和手机充值购买的页面，实现当鼠标指针移到标题时，下面显示相应的内容，如图 9-11 所示。

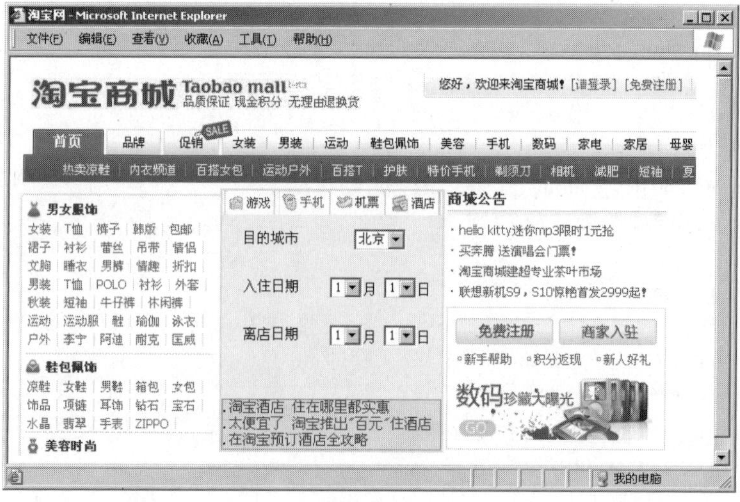

图 9-11

【问题分析】

(1) 本例是鼠标事件和层的综合应用，使用层来布局页面。

(2) 让不同的层在鼠标的不同选择时显示和隐藏。使用层 display 属性来实现。

【参考步骤】

(1) 新建一个 HTML 网页，将网页标题设为“淘宝网上手机充值和点卡购买”。

(2) 在网页中插入多个层，分别放置图片。

(3) 使用一个层来放置表格，在同一个单元格中放置“游戏”“手机”“机票”“酒店”4 个层。设置其中一个层显示。

(4) 编写鼠标 onmouseover 事件处理函数 doAction()，实现在同一时间只有一个层显示。

(5) 完整代码如示例 9-7 所示。

示例 9-7：

```
<html>
<head>
<meta charset="utf-8" />
<style type="text/css">
td{ font-family:"宋体";   font-size:14px; text-align:center;}
a{ text-decoration:none;}
.sublay{
  background-color:#FFCCFF; text-align:left; border-style:solid; border-width:1px; border-color:#FF6666;
}
</style>
<script type="text/javascript">
var layers = new Array("game","cellphone","ticket","hotel");
function doAction1(op)
{
  for(var i = 0 ; i < 4; i ++)
  {
    if(layers[i] == op)
    {
      document.getElementById(layers[i]).style.display = "block";;
      document.getElementById(layers[i]).style.backgroundColor = "#FFFF99";;
    }
    else
    {
      document.getElementById(layers[i]).style.display = "none";;
    }
  }
}
</script>
</head>
<body>
<div>
<img src="images/taobaologo.bmp" />
```

```
</div>
<div style="float:left">
<img src="images/taobaoleft.bmp" />
</div>
<div style="float:left; width:215px; height:255px; border-style:solid; border-width:2px;
border-color:#FFCCFF">
 <table border="0" cellpadding="0" cellspacing="0">
  <tr><td><img src="images/taobaogame.bmp" onMouseOver="doAction1('game')">
</td>
<td><img src="images/taobaophone.bmp" onMouseOver="doAction1('cellphone')">
</td>
  <td><img src="images/taobaoticket.bmp" onMouseOver="doAction1('ticket')"></td>
<td><img src="images/taobaohotel.bmp" onMouseOver="doAction1('hotel')"></td>
  </tr>
    <tr>
    <td colspan="4">
    <div   id="game"style="display:block" ><table width="220" height="180" >
     <tr><td width="73" height="36">游戏</td>
     <td width="137"><select><option>魔兽世界</option>
<option>梦幻西游</option></select></td></tr>
     <tr><td height="37">面值</td>
     <td><select><option>50 元</option>
<option>100 元</option></select></td></tr>
     <tr><td height="36" colspan="2">
<input type="button" value="查看全国折扣价"></td></tr>
     <tr><td height="30" > </td>
     <td > </td></tr>
     </table>
     <div class="sublay">
          .<a href ="#">你想玩的网络游戏，这都有!!</a><br>
          .<a href ="#">充 QQ 黑钻，玩地下城与勇士!</a><br>
          .<a href ="#">九城游戏超级新手卡免费大派发!</a>
    </div>
     </div>
  <div id="cellphone" style="display:blcok"><table width="220" height="180" >
     <tr><td width="73">运营商</td>
     <td width="137"><select ><option>中国移动</option>
<option>中国联通</option></select></td></tr>
     <tr><td width="73">地区</td>
     <td width="137"><select ><option>湖北</option>
<option>浙江</option></select></td></tr>
     <tr><td>面值</td><td><select ><option>50 元</option>
<option>100 元</option></select></td></tr>
     <tr><td colspan="2">
<input type="button" value="查看全国折扣价"></td></tr>
    </table><div class="sublay">
     .<a href ="#">带孩子看奥运出行必看!</a><br>
```

```
        .<a href ="#">厂家直销，行货手机三折起! </a><br>
        .<a href ="#">手机话费充值 100 元仅售 98.3!</a>
        </div>
      </div>
    <div id="ticket" style="display:block"><table width="220" height="180" >
      <tr><td width="73">出发城市</td>
      <td width="137"><select ><option>北京</option>
<option>上海</option></select></td></tr>
      <tr><td width="73">到达城市</td>
      <td width="137"><select ><option>北京</option>
<option>上海</option></select></td></tr>
      <tr><td>日期</td><td>
      <select ><option>1</option><option>2</option></select>月
        <select ><option>1</option><option>2</option></select>日
      </td></tr>
      <tr><td colspan="2"><input type="button" value="查      询">
</td></tr>
      <tr></table>
      <div class="sublay">
        .<a href ="#">淘宝机票 1.5 折专卖场</a><br>
        .<a href ="#">省太多! 淘宝机票</a><br>
        .<a href ="#">北京-武汉￥160  深圳-海口￥90 </a>
    </div>
    </div>
   <div id="hotel" style="display:block"><table width="220" height="180">
      <tr><td width="93">目的城市</td>
      <td width="115"><select ><option>北京</option>
<option>上海</option></select></td></tr>
      <tr><td>入住日期</td><td>
      <select ><option>1</option><option>2</option></select>月
        <select ><option>1</option><option>2</option></select>日
      </td></tr>
      <tr><td>离店日期</td><td>
      <select ><option>1</option><option>2</option></select>月
        <select ><option>1</option><option>2</option></select>日
      </td></tr>
      <tr><td > </td><td ></td></tr></table>
      <div class="sublay">
        .<a href ="#">淘宝酒店  住在哪里都实惠</a><br>
        .<a href ="#">太便宜了  淘宝推出"百元"住酒店  </a><br>
        .<a href ="#">在淘宝预订酒店全攻略  </a>
    </div>
    </div>
    </td>
  </tr>
 </table>
</div>
```

```
<div style="float:left">
<img    src="images/taobaoad.bmp" />
</div>
</body>
</html>
```

◆ 第二阶段 ◆

练习 3：仿“中华英才网”地点搜索功能

【问题描述】

完整实现练习 1 中中华英才网 http://www.chinahr.com 的工作地点、行业类别搜索功能。

【拓展作业】

制作民生银行登录页面的软键盘效果，如图 9-12 所示。当查询密码的密码框得到焦点时，显示软键盘，按软键盘上面的数字键，将显示在密码框中。

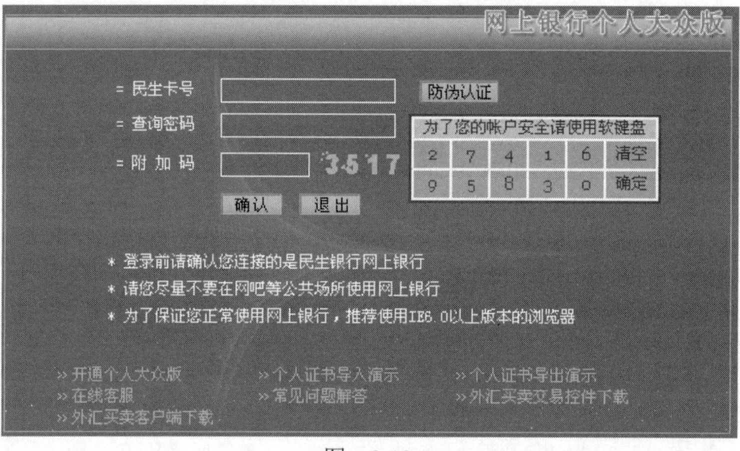

图 9-12

单元 十

JavaScript 高级特效

课程目标

- 掌握框架知识
- 使用样式制作菜单
- 使用 DOM 动态改变元素的样式

简 介

前面单元学习了样式在网站特效制作上的应用，通过使用样式让页面丰富多彩，增强用户和站点间的交互性。本单元继续学习制作样式特效，使用样式来制作横向菜单、树形菜单和竖向菜单，使用框架来布局页面。

10.1 商业网站制作

在工作和学习中，经常会利用一些商业网站帮助我们做一些事情，如在线考试系统，如图 10-1 所示，左侧是导航菜单栏，单击左侧的菜单，右侧内容也会随着变化，在 Html 5 之前，可以借助框架<frameset>完成，但是由于考虑到不利于搜索引擎，破坏文档结构的缺点，因此 Html 5 淘汰了< frameset>标签，那么用<iframe>来实现。

图 10-1

<iframe>的属性如表 10-1 所示。

表 10-1 <iframe>的属性

属性值	说明
frameborder	是否显示边框，值为 1 或 0
height	规定 iframe 的高度
name	规定 iframe 的名称
scrolling	规定是否在 iframe 中显示滚动条。值为‘yes’或者‘no’，或者‘auto’
src	规定在 iframe 中显示文档的 URL
width	定义 iframe 的宽度

仿考试系统做树形菜单

在很多商业网站都能看到图 10-1 中的布局，分为左右两大块。其中左边是一个菜单栏，右边内容是跟着左边菜单栏变化的，如示例 10-1 所示。

示例 10-1：

```
<!DOCTYPE html>
<html lang="en">
    <head>
        <meta charset="UTF-8">
        <title>考试系统</title>
        <style>
            * {
                margin: 0;
                padding: 0
            }
            html,
            body {
                height: 100%
            }
            ul{
                list-style: none;
            }
            #nav {
                box-sizing: border-box;
                display: block;
                padding: 15px 20px;
                float: left;
                width: 15%;
                height: 100%;
                background-color: antiquewhite
            }
            a{
                color: black;
            }
            .ul2 li{
                list-style: none;
                height: 30px;
                line-height: 30px;
            }
            #con {
                float: right;
                width: 85%;
                height: 100%;
            }
        </style>

    </head>
```

```
<body>
    <ul id="nav">
        <li>
            <a href="#" ><h4>我的考试</h4></a>
            <ul class="ul2">
                <li>
                    <a href="#" data-href="myexam" class="hre">我的试卷</a>
                </li>
                <li>
                    <a href="#" data-href="hiexam"   class="hre">历史考试</a>
                </li>
            </ul>
        </li>

        <li>
            <a href="#" ><h4>自我检测</h4></a>
            <ul class="ul2">
                <li>
                    <a href="#" data-href="ziwojiance"   class="hre">自我检测</a>
                </li>
                <li>
                    <a href="#" data-href="ziwojiancejilu" class="hre">自我检测记录</a>
                </li>
            </ul>
        </li>

        <li>
            <a href="#" ><h4>学习系统</h4></a>
            <ul class="ul2">
                <li>
                    <a data-href="listkecheng"   class="kecheng">课程列表</a>
                </li>
                <li>
                    <a data-href="mykecheng" class="wodekecheng">我的课程</a>
                </li>
            </ul>
        </li>
    </ul>
    <div id="con">
        <iframe name="iframe" width="100%" height="100%" src="myexam.html"></iframe>
    </div>
<script>
        var hre=document.getElementsByClassName("hre");//获取菜单标签
        var iframe=document.getElementsByTagName("iframe");
        for (var i=0;i<hre.length;i++) {
            hre[i].onclick=function(){
            var href=this.getAttribute("data-href");
```

```
                    iframe[0].src=href+".html";                    //设置 iframe 路径
                };
            }
        </script>
    </body>
</html>
```

运行结果如图 10-2 所示。

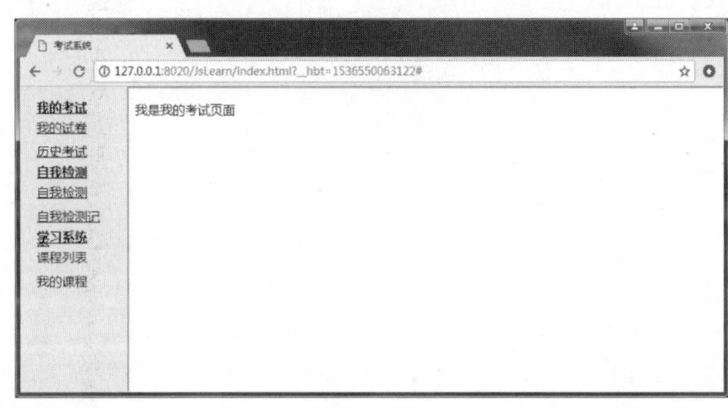

图　10-2

单击菜单栏中的每一个菜单，右边内容都会随之变化。这里关注一下左边菜单栏，把菜单栏分为几个大菜单，每个大菜单下面有几个小菜单，我们经常看到在很多企业网站中，都是单击一个大菜单时，这个大菜单就会折叠起来，那么怎么实现呢？实现代码如示例 10-2 所示。

示例 10-2：

```
<!DOCTYPE html>
<html lang="en">
    <head>
        <meta charset="UTF-8">
        <title>考试系统</title>
        <style>
            * {
                margin: 0;
                padding: 0
            }
            html,
            body {
                height: 100%;
                overflow: hidden;
            }
            ul{
                list-style: none;
            }
            #nav {
                box-sizing: border-box;
                display: block;
```

```
                padding: 15px 20px;
                float: left;
                width: 15%;
                height: 100%;
                background-color: antiquewhite
            }
            a{
                color:inherit;
                text-decoration: none;
            }
            .ul2{
                padding: 10px 10px;
                background: rgba(0,0,0,0.02);
            }
            .ul2 li{
                list-style: none;
                height: 30px;
                line-height: 30px;
            }
            #con {
                float: right;
                width: 85%;
                height: 100%;
            }
        </style>

</head>

<body>
        <ul id="nav">
            <li>
                <a href="#"   class="block"><h4>我的考试</h4></a>
                <ul class="ul2">
                    <li>
                        <a href="#" data-href="myexam" class="hre">我的试卷</a>
                    </li>
                    <li>
                        <a href="#" data-href="hiexam"   class="hre">历史考试</a>
                    </li>
                </ul>
            </li>

            <li>
                <a href="#"   class="block"><h4>自我检测</h4></a>
                <ul class="ul2">
                    <li>
                        <a href="#" data-href="ziwojiance"   class="hre">自我检测</a>
```

```
                </li>
                <li>
                    <a href="#" data-href="ziwojiancejilu" class="hre">自我检测记录</a>
                </li>
            </ul>
        </li>

        <li>
            <a href="#"   class="block"><h4>学习系统</h4></a>
            <ul class="ul2">
                <li>
                    <a data-href="listkecheng"   class="kecheng">课程列表</a>
                </li>
                <li>
                    <a data-href="mykecheng" class="wodekecheng">我的课程</a>
                </li>
            </ul>
        </li>
    </ul>
    <div id="con">
        <iframe name="iframe" width="100%" height="100%" src="myexam.html"></iframe>
    </div>
  </body>
  <script>
        var hre=document.getElementsByClassName("hre");
        var iframe=document.getElementsByTagName("iframe");
        for (var i=0;i<hre.length;i++) {
            hre[i].onclick=function(){
                var href=this.getAttribute("data-href");
                iframe[0].src=href+".html";
            };
        }
        var blocks=document.getElementsByClassName("block");
        for(var j=0;j<blocks.length;j++){
            blocks[j].onclick=function(){
                var next=this.nextSibling.nextSibling;
                if(next.style.display=="none"){
                    next.style.display="block";
                }else{
                    next.style.display="none";
                }

            }
        }
    </script>
</html>
```

运行结果如图 10-3 所示。

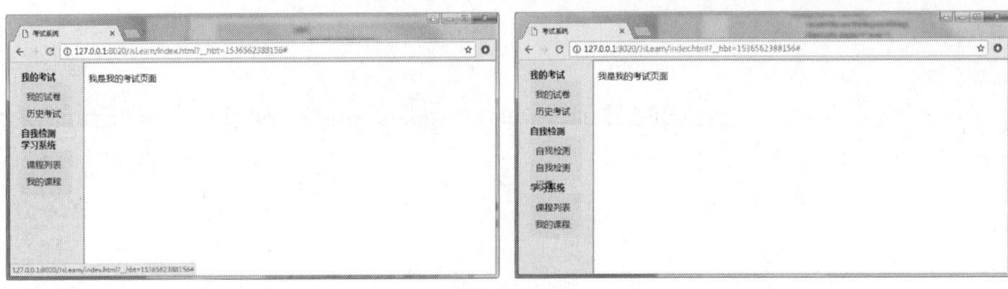

图　10-3

如图 10-3 所示，当单击“自学检测”菜单时，下面的子菜单就折叠起来了，当再次单击时，又会展开。

10.2　使用 CSS 制作菜单

提到菜单，大家都不陌生，我们使用的应用程序都有菜单。那么，站点中的页面能不能使用横向菜单呢？由于页面元素的局限性，做出像应用程序的菜单还是很困难的。这里尝试使用 CSS 和层来实现。图 10-4 所示是中国民生银行的竖向菜单。

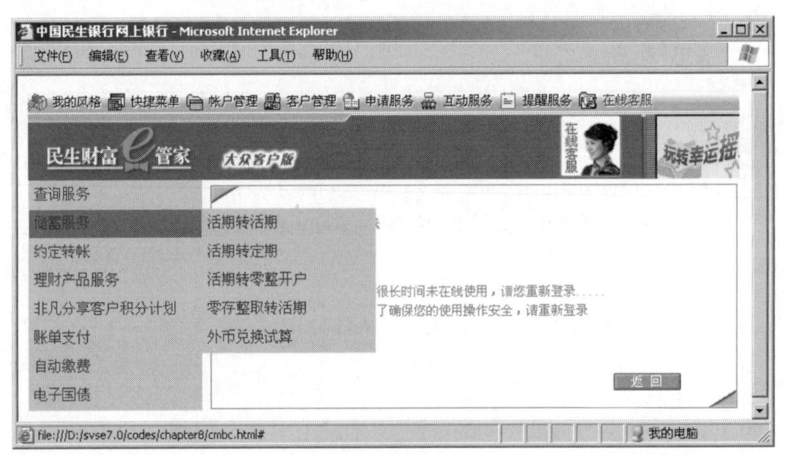

图　10-4

10.2.1　使用无序列表实现竖向菜单

本例中，实现民生银行竖向菜单，每个菜单都含有二级菜单。首先，来看看如何实现一级竖向菜单，一级菜单有“查询服务”“储蓄服务”“约定转账”等。使用无序列表<ul>和<li>即可。片段代码如示例 10-3 所示。

示例 10-3：

```
<body>
<a href="#" >返回首页</a>
<ul id="nav">
```

```
<li><a href="#">查询服务</a></li>
<li><a href="#">储蓄服务</a> </li>
<li><a href="#">约定转账</a> </li>
<li><a href="#">理财产品服务</a> </li>
<li><a href="#">非凡分享客户积分计划</a> </li>
<li><a href="#">账单支付</a> </li>
<li><a href="#">自动缴费</a></li>
<li><a href="#">电子国债</a> </li>
</ul>
</body>
```

运行结果如图 10-5 所示。

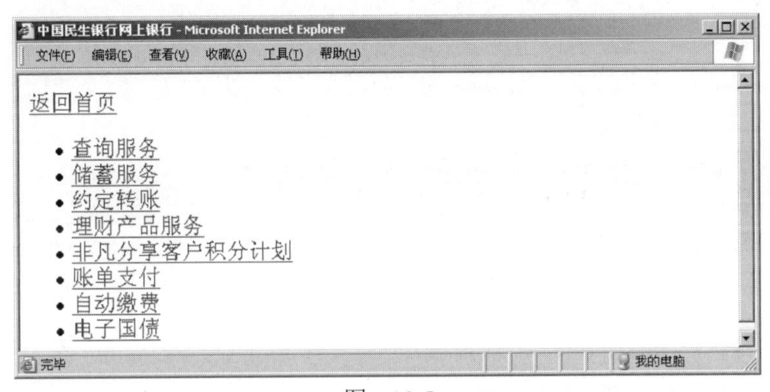

图 10-5

这样，一级菜单就完成了，现在需要给每个一级菜单添加二级菜单，在每个<li>中添加<ul>即可以实现。代码片段如示例 10-4 所示。

示例 10-4：

```
<body>
<a href="#" >首页</a>
<ul   id="nav">
<li><a href="#">查询服务</a>
    <ul>
       <li><a href="#">账户余额查询</a></li>
       <li><a href="#">账户明细查询</a></li>
       <li><a href="#">账户信息查询</a></li>
       <li><a href="#">网上交易日志</a></li>
       <li><a href="#">网上支付订单查询</a></li>
    </ul>
</li>
<li><a href="#">储蓄服务</a>
      <ul>
       <li><a href="#" >活期转活期</a></li>
       <li><a href="#" >活期转定期</a></li>
       <li><a href="#">活期转零整开户</a></li>
       <li><a href="#">零存整取转活期</a></li>
```

```
            <li><a href="#">外币兑换试算</a></li>
            </ul>
    </li>
    <li><a href="#">约定转账</a>
        <ul>
        <li><a href="#">本人活期转活期</a></li>
        <li><a href="#">本人活期转定期</a></li>
        <li><a href="#">本人定期转活期</a></li>
        <li><a href="#">查询/撤销</a></li>
        </ul>
    </li>
    .... //鉴于篇幅，省略一部分菜单
    </ul>
    </body>
```

运行结果如图 10-6 所示。

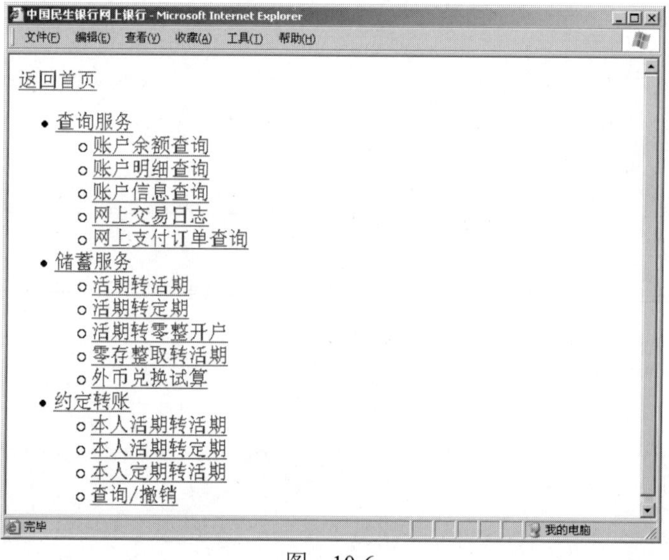

图 10-6

图 10-6 中二级菜单已初具规模，但样子有点不好看，这里使用样式来修饰它。

(1) 去掉一级菜单列表和二级菜单前面的列表符，增加边框的样式并设置宽度，字体大小设置成 16px。

(2) 无序列表<ul>默认的每个<li>项是换行的，这是希望的。应该设置其定位方式为相对定位(relative)，因为子菜单要在该相对位置上进行绝对定位。

(3) 二级菜单需要使用 left 和 top 属性让它们显示在一级菜单内容的右边，默认情况下二级菜单不显示。

(4) 修改超链接和鼠标指针悬停在每个<li>的样式。

(5) IE 6 在显示方面有漏洞，需要修改。

(6) 增加鼠标悬停样式，完整的样式代码如示例 10-5 所示。

示例 10-5：

```
<style type="text/css">
<!--  1.去掉 ul 的列表符，增加 ul 的边框类型和颜色  -->
 ul{ margin:0;padding:0;list-style:none;width:170px;
border-bottom: 1px solid #CCCCCC; ont-family:"宋体"; font-size:14px;}
<!--  2.设置一级菜单相对定位  -->
ul li {position: relative;}
<!--  3.二级菜单的样式  -->
 li ul {position: absolute;left:169px;top:0px;display: none;}
<!--  4.超链接样式  -->
ul li a ,ul li a:hover {display: block;text-decoration:none;
padding:5px;border:1px solid #ccc;border-bottom:0; background-color:#FFAEB9}
<!--  5.修正 IE 6 的漏洞  -->
* html ul li { float: left; }
* html ul li a { height: 1%; }
<!--  6.增加鼠标悬停样式  -->
ul li a:hover {background-color:#EE4000;}
<!--  7.定义一个样式，当鼠标指针移上去时应用该样式  -->
li.mouseover ul {display: block;}
</style>
```

接下来，就需要给每个一级菜单<li>添加 onmouseover 和 onmouseout 事件了，当鼠标指针移上去时应用样式 li.mouseover ul，当鼠标指针移出去时，用回原来的样式 li:hover ul，这里使用正则来替换。onmouseover 和 onmouseout 事件函数分别是 mout()和 mover()，代码如示例 10-6 黑体部分所示。

示例 10-6：

```
<html>
<head>
<meta http-equiv="Content-Type" content="text/html; charset=gb2312" />
<title>Dell 首页</title>
 <style type="text/css">
 …示例 10-5 定义的样式:
</style>
<script type="text/javascript">
function mover(obj)
{
    obj.className = "mouseover";
}
function mout(op)
{
    op.className =op.className.replace(new RegExp("( ?|^)mouseover\\b"),"");
}
</script>
</head>
```

```
<body>
<a href="#"   >返回首页</a>
<ul id="nav">
<li onmouseover="mover(this)" onmousemut="mout(this)" >
 <a href="#"    >查询服务</a>
   <ul>
     <li><a href="#">账户余额查询</a></li>
     <li><a href="#">账户明细查询</a></li>
     <li><a href="#">账户信息查询</a></li>
     <li><a href="#">网上交易日志</a></li>
     <li><a href="#">网上支付订单查询</a></li>
   </ul>
</li>
<li onmouseover="mover(this)" onmousemut="mout(this)" >
<a href="#" >储蓄服务</a>
    <ul>
     <li><a href="#" >活期转活期</a></li>
     <li><a href="#" >活期转定期</a></li>
     <li><a href="#">活期转零整开户</a></li>
     <li><a href="#">零存整取转活期</a></li>
     <li><a href="#">外币兑换试算</a></li>
     </ul>
</li>
<li onmouseover="mover(this)" onmousemut="mout(this)" >
<a href="#" >约定转账</a>
    <ul>
    <li><a href="#">本人活期转活期</a></li>
    <li><a href="#">本人活期转定期</a></li>
    <li><a href="#">本人定期转活期</a></li>
    <li><a href="#">查询/撤销</a></li>
    </ul>
</li>
.... //鉴于篇幅，省略一部分菜单
</ul>
</body>
</html>
```

10.2.2 使用层实现横向菜单

使用无序列表来制作横向菜单，可以实现多级菜单的效果，如果页面中只有二级菜单，比较简单的做法就是使用表格来实现。表格中的第一行作为一级菜单，与一级菜单对应的各个二级菜单放置在层中，设置层的样式，初始时不显示。使用鼠标的onmouseout和onmousemove事件来让这些菜单所在的层显示。示例 10-7 使用表格实现了招商银行一网通个人银行大众版的页面。图 10-7 中是鼠标移到“卡片管理”上显示二级菜单的效果。

图　10-7

示例 10-7：

```
<html>
<head>
<meta http-equiv="Content-Type" content="text/html; charset=gb2312" />
<title>招商银行网上查询</title>
<style type="text/css" >
td {font-size: 13px;color: #000000; line-height:22px;}
.div1{
  background-color:#1874CD;text-align:center;position:absolute;z-index:2;display:none;}
  a {
    font-size:13px; color: #FFFFFF; text-decoration:none;background-color:#5CACEE;
    width:100px;line-height:22px;text-align:center;border-bottom:1 #FFFFFF solid;
  }
  a:hover {font-size:13px;color: #ffffff; background-color:#FFCC33;
  width:100px;line-height:22px;text-align:center;}
  </style>
  <script type="text/javascript" >
  function show(d1){
  document.getElementById(d1).style.display='block';   //显示层
}
function hide(d1){
  document.getElementById(d1).style.display='none';   //隐藏层
}
</script>
</head>
<body>
<div style="width:744px; height:96px;">
<img src="images/zhaoshanglogo.bmp">
</div>
<div style="width:744px;">
```

```
<table width="350" border="0" cellspacing="0" cellpadding="0">
<tr>
<td><a href="#"   onMouseMove="show(1)" onMouseOut="hide(1)">账户管理</a></td>
     <td><a href="#" onMouseMove="show(2)" onMouseOut="hide(2)">还款管理</a></td>
     <td><a href="#" onMouseMove="show(3)" onMouseOut="hide(3)">自动缴费</a></td>
     <td><a href="#"   onMouseMove="show(4)" onMouseOut="hide(4)">网上支付</a></td>
     <td><a href="#" onMouseMove="show(5)" onMouseOut="hide(5)">卡片管理</a></td>
     <td><a href="#" onMouseMove="show(6)" onMouseOut="hide(6)">积分管理</a></td>
     <td><a href="#"   onMouseMove="show(7)" onMouseOut="hide(7)">网上申请</a></td>
 </tr>
   <tr>
    <td><div class="div1"   id="1" onMouseMove="show(1)" onMouseOut="hide(1)">
     <a href="#">账户查询</a><br><a href="#">已出账单查询</a><br>
<a href="#">未出账单查询</a></div></td>
<td><div class="div1" id="2" onMouseMove="show(2)" onMouseOut="hide(2)">
<a href="#">自动还款设置</a><br><a href="#">购汇还款设置</a><br>
<a href="#">还款方式查询</a></div></td>
<td><div class="div1" id="3" onMouseMove="show(3)" onMouseOut="hide(3)">
<a href="#">缴费交易查询</a><br><a href="#">缴费功能申请</a><br><a href="#">缴费功能取消
</a></div></td>
     <td><div class="div1" id="4" onMouseMove="show(4)" onMouseOut="hide(4)">
     <a href="#">网上支付设置</a><br><a href="#">网上交易查询</a><br><a href="#">网上交易申请
</a></div></td>
<td><div class="div1" id="5"onMouseMove="show(5)" onMouseOut="hide(5)">
<a href="#">卡片额度调整</a><br><a href="#">信用卡开卡</a><br><A href="#">卡片损害补发
</a></div></td>
<td><div class="div1" id="6" onMouseMove="show(6)" onMouseOut="hide(6)">
<a href="#">积分查询</a><br><a href="#">积分历史查询</a><br><A href="#">积分免年费
</a></div></td>
     <td><div class="div1" id="7" onMouseMove="show(7)" onMouseOut="hide(7)">
     <a href="#">网上申请首页</a><br><a href="#">网上申请进度</a><br><A href="#">网上信用卡
          申请
</a></div></td>
   </tr>
   </table>
</div>
<div>
   <img src="images/footer.bmp">
   </div>
</body>
</html>
```

10.3 走马灯效果

在浏览网站时，特别是很多门户网站，一点开就会看到有一个幻灯片的效果，如图 10-8

所示的天猫官网，我们看到菜单导航后面有一组幻灯片，每隔 1 秒左右就会换一张图片，这种效果给页面增加了动感的同时，还增加了美感，而且每一张图片都是一个链接，也增加了广告位，很实用。那么这种效果是怎么做的呢？接下来我们就一起来做一个这样的效果。

图　10-8

我们先写定义装图片和小圆点的盒子，用无序列表布局，先定义一个大盒子装所有元素，再定义一个无序列表装图片，用另一个无序列表装小圆点，代码如示例 10-8 所示。再配合 CSS 写一点样式，让布局看上去美观一点。

示例 10-8：

```
<html>
    <head>
        <meta charset="utf-8" />
        <title>走马灯效果</title>
    <style>
            * {
                margin: 0;
                padding: 0;
            }
            /*定义大盒子*/

            #demo {
                overflow: hidden;
                width: 400px;
                height: 250px;
                position: relative;
                margin: auto;
            }
            /*图片盒子*/

            #demoimg {
                height: 150px;
```

```
            position: absolute;
        }
        #demoimg li {
            display: block;
            float: left;
            list-style: none;
            width: 400px;
            height: 250px;
        }
        /*blue 图片下边对应的蓝色小圆点*/
        #blue {
            bottom: 0;
            position: absolute;
            width: 400px;
            display: block;
        }
        #blue ul {
            width: max-content;
            margin: auto;
        }
        #blue ul li {
            list-style: none;
            width: 10px;
            border-radius: 50%;
            height: 10px;
            background: #ccc;
            float: left;
            margin: 0 3px;
        }
        #demoimg li img {
            width: 100%;
            height: 100%;
        }
    </style>
</head>

<body>
    <div id="demo">
        <ul id="demoimg">
            <li><img src="img/timg(0).jpg"></li>
            <li><img src="img/timg(1).jpg"></li>
            <li><img src="img/timg(2).jpg"></li>
            <li><img src="img/timg(1).jpg"></li>
        </ul>
        <div id="blue">
            <ul>
                <li style="background:darkblue"></li>
```

```
                    <li></li>
                    <li></li>
                    <li></li>
                </ul>
            </div>
        </div>
    </body>
</html
```

运行结果如图 10-9 所示，可以看到，我们写的 4 张图片只展示出一张，且下面的第一个圆点为蓝色，其余三个为灰色，布局已经完成，下面结合 JavaScript 让图片动起来，需要实现每隔 2 秒图片就会换一次，而且显示图片张数的同时下面的圆点变为蓝色。

图 10-9

既然每隔一段时间图片要轮播一次，那就需要用到前面学到的定时器 setInterVal()。setInterVal()接受两个参数，一个是执行的事件函数，一个是时间，表示每隔一段时间运行一遍此函数。定义一个名为 qiehuan 的函数把该函数当作参数传进 setInterVal。代码如示例 10-9 所示。

示例 10-9：

```
        <script>
            var i = 0;
            function qiehuan() {
                //获取元素
                var demoimg = document.getElementById("demoimg");
                var demoli = demoimg.getElementsByTagName("li");
                //获取图片盒子距左边的距离给 left，图片的宽度给 swidth
                //图片盒子中 li 即图片总数给 lis
                var left = demoimg.offsetLeft;
                var swidth = demoli[0].offsetWidth;
                var lis = demoli.length;
                //left 从 0 开始逐渐递减，图片盒子向左移动
```

```
            //当所有图片都移动到左边之后，left=0，重新开始，形成循环播放
            if(left > -swidth * (lis - 1)) {
                left = left - swidth;
                demoimg.style.left = left + "px";
                i = i + 1;
            } else {
                left = 0;
                demoimg.style.left = left + "px";
                i = 0;
            }
            //对应小圆点部分
            var dblue = document.getElementById("blue");
            //通过参数 i 设置与图片 li 对应的 blue 部分第 i 个 li 背景色
            dblue.getElementsByTagName("li")[i].style.background = "darkblue";
            var thisi = dblue.getElementsByTagName("li")[i];
            var syi = dblue.getElementsByTagName("li");
            //遍历 blue 的所有 li 元素，设置非当前 li 的背景色，注意:syi[j]!=thisi
            for(j = 0; j < lis; j++) {
                if(syi[j] != thisi) {
                    syi[j].style.background = "#ccc";
                }
            }
        }
        //定时器，每隔 2000 毫秒执行一次 qiehuan()代码，数值越小，幻灯片切换越快
        window.setInterval("qiehuan()", 2000);
    </script>
```

结果如图 10-10 所示，这里给的间隔时间为 2000 毫秒，即每隔 2 秒图片轮播一次。

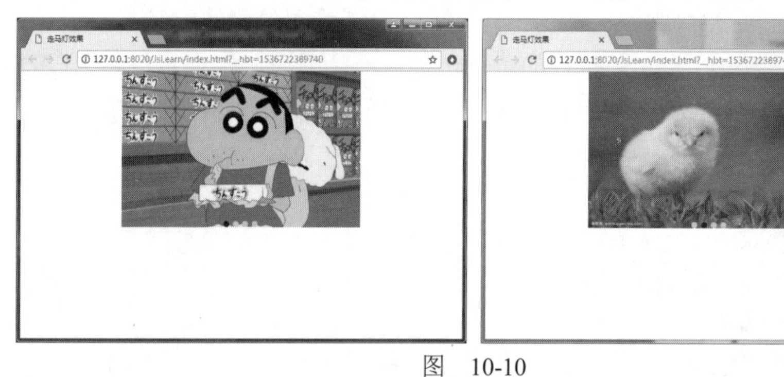

图　10-10

10.4　仿 Google Suggest 效果

使用过 Google 搜索引擎的用户可能都有这样的经历，当在 google 搜索的输入框中输入某个文字或字母关键字时，输入框下面会显示一个列表，列出了以用户输入内容为开始的热门搜索词条。此时，用户可以不用再输入其他文字，直接从列表中选取要搜索的词条，

它会自动地添加到输入框中，非常方便。其实，这和输入法差不多，具有预联想的功能。它应用在 Google 的站点，称为 Google Suggest(谷歌建议)，如图 10-11 所示。

除 Google 使用了此功能外，搜狐的通行证也具有这个功能，如图 10-12 所示。

图　10-11

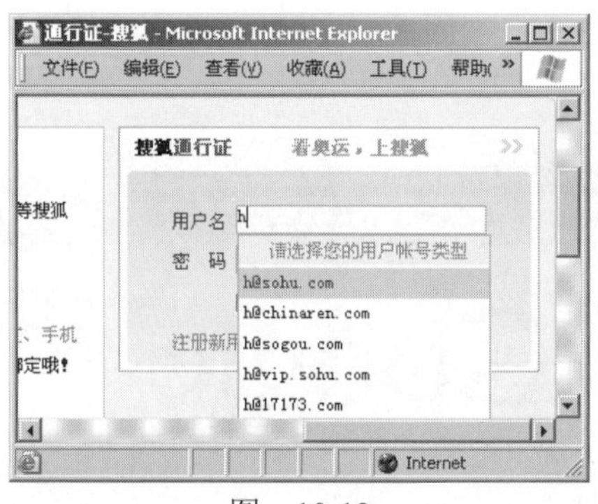

图　10-12

实际上，Google Suggest 使用了一门新的技术，即 AJAX(Asynchronous JavaScript and XM，异步的 JavaScript 和 XML)。在过去的站点中，客户端和服务器是“同步”工作的。当使用表单提交一个数据给服务器时，需要刷新页面来显示服务器传回的结果。如果网速比较慢，则运行时间较长，使用体验不好。通过使用 AJAX，可以在不刷新页面的情况下与服务器进行交互，从而大大改善用户的体验感。以 Google Suggest 为例，当在搜索框中输入一个关键字时，会触发一系列的事件(这里是 onkeyup)，与该事件绑定的 JavaScript 函数会将输入的关键字发送到 Google 的服务器中，服务器把搜索结果传回浏览器，某个 JavaScript 函数处理这些数据后更新当前的页面(不用刷新)，JavaScript 做的所有工作都是在“后台”进行的，在它与服务器进行连接时，依然可以继续输入工作。

本例中来模拟这个效果，实现一个假的效果。假效果是指数据不是来自于数据库，而是从预先定义好的数组中取的值。本例分以下 4 个步骤来完成。

(1) 创建页面。与 Google 页面一样，代码如示例 10-10 所示。

示例 10-10：

```
<html>
<head>
<meta http-equiv="Content-Type" content="text/html; charset=gb2312" />
<title>Google Suggest</title>
</head>
<body>
<div>
<img src="images/googlelogo.bmp"/>
<form name="myform">
<input type="text" name="input" size="50" onkeyup="createMessage(this.value)">
<br>    
<input type="button" value="Google 搜索">  
<input type="button" value="手气不错">
</form>
  <div id="show" style="background-color:#FFFFFF;display:none width:361px;
    height:150px; border-style:solid; border-width:1px;
border-color:#CCCCCC; position:relative; top:-47px; left:0px; ">
  </div>
</div></body>
</html>
```

显示结果如图 10-13 所示。

图 10-13

(2) 创建要显示的内容。使用数组来模拟搜索的结果，使用4个数组，并编写一个根据关键字返回数组的函数getKey()。编写根据关键字搜索结果列表函数createMessags()，该函数生成一个字符串，并显示在层上面。代码如示例10-11所示。

示例 10-11：

```
<script type="text/javascript">
  var arr;                    //全局变量，用来接收数组
                              //生成 3 个数组，模拟查询结果
  var arr0=new Array("adobe reader","adobe","adobe flash player",
```

```
"adobe reader 8.1.0","adidas","alibaba","acdsee");
    var arr1=new Array("qq","qq 下载","qq 空间","qq 空间代码","qq 空间免费皮肤","qq 表情","qq 个性签
    名","qq 游戏");
    var arr2=new Array("mp3","mp3 免费下载","mp4","mp3 歌曲","mp3 试听","msn","msn 下载","mtv");
//根据关键字，来返回数组
function getKey(key)
    {
        switch(key)
        {
            case "a":   return arr0;
            case "q":   return arr1;
            case "m" : return arr2;
            default:    return new Array();
        }
    }
    //构造查询结果字符串，并有条件地显示
    function createMessage(key)
    {
        var result = "<table border=0 cellpadding=2 cellspacing=0>";
        arr = getKey( key );                          //获取相应的数组
        var j =arr.length ;
        if(j !=0)
        {
            for ( var i = 0; i < j; i++ )             //使用循环拼接结果字符串
            {
                result += "<tr><td align=left id=t"+i+" width =250 onmouseover=
                    selectItem("+i+")>" + arr[i] + "</td>";
                result += "<td id=s"+i+" align=right width=80><font color = green>"
                    + Math.round(Math.random()*1000000) + "结果</font></td></tr>";
            } //for
            result += "</table>";
            document.getElementById("show").style.display="block";
            document.getElementById("show").innerHTML=result;
        }
        else{
            document.getElementById("show").style.display="none";
        }
    }                                                 //函数结束
```

(3) 从上面的代码可知，结果类别实际上是个表格，根据用户的输入来决定这个表格是否显示，示例中只要用户输入 a、q、m 中任何一个关键字，结果列表就会显示出来。同时，给这个表格的第一列添加 onmouseover 事件的 selectItem()函数，当鼠标指针移到表格中某个列时，该列所在的行要高亮显示。这里使用一个全局变量 focusIndex 来记录用户选择列表中的行。代码如示例 10-12 所示。

示例 10-12：

```
//...接上面的脚本代码
var focusIndex;                              //全局变量，记录用户在结果列表中选择的行号
function selectItem(index)
{
    focusIndex = index;
    for(var i = 0 ; i <arr.length; i ++)
    {
        var item0 = document.getElementById("t"+i);
        var item1 = document.getElementById("s"+i);
        if(index == i )
        {
            item0.bgColor="blue";            //改变第一列的背景色
            item1.bgColor="blue";            //改变第二列的背景色
        }
        else {
            item0.bgColor="white";
            item1.bgColor="white";
        }
        item0.focus();                       //让第一列获得焦点
    }
}                                            //函数结束
```

(4) 给 document 添加 onkeydown 事件。用户可以在搜索结果列表中使用“向上”或“向下”的按键来选中某行，这样选中的词条将自动显示在输入框中。这里，需要给 document 添加 onkeydown 事件，并判断按键的 keyCode 是否是 40 或 38。上下箭头键选中的列需要高亮显示，通过改变列的背景色来实现。代码如示例 10-13 所示。

示例 10-13：

```
//...接上面的脚本代码
document.onkeydown =changeColor;    //给 document 添加 onkeydown 事件
function changeColor()
{
    var keyNumber = event.keyCode;
        if(arr ==null) return;          //如果用户没有输入内容，直接按方向键，返回
    if(keyNumber =='40')                //判断是否是向下的方向键
    {
        selectItem(focusIndex);         //调用上面的改变颜色的函数
        //把选中的词条给输入文本框
        document.getElementById("input").value = arr[focusIndex];
        focusIndex ++;
        if(focusIndex == arr.length){
          focusIndex = arr.length-1;
        }
    }                                   //if 结束
```

```
        if(keyNumber =='38')                    //判断是否是向上的方向键
        {
            if(focusIndex >1)
            {
                focusIndex --;
            }else{
                focusIndex = 0 ;
            }
            selectItem(focusIndex);
            document.getElementById("input").value = arr[focusIndex];
        }
    }                                           //函数结束
```

Google Suggest 是个综合性很强的例子，需要认真地分析，使用 JavaScript 来实现比较复杂，这里只是完成了部分功能，大家可以到 Google 的站点下载源码来研究。

【单元小结】

- 除使用层来布局页面外，还可以使用框架来布局页面。
- 使用层或者无序列表加上样式能够制作横向和竖向菜单。
- Google Suggest 可以使用 JavaScript 来模拟。

【单元自测】

1. 下列属性中，不是<iframe></iframe>框架的属性的是(　　)。

   A. frameborder　　　　B. src

   C. cols　　　　D. width

2. 键盘上 4 个方向键“左”“上”“右”“下”的 keyCode 分别是(　　)。

   A. 37、38、39、40　　　　B. 39、38、40、37

   C. 65、66、67、68　　　　D. 12、13、14、15

3. 无序列表<ul>中每项符号默认是“.”(小黑点)，想要把项目符号变成“。”(小空心圆圈)，需要设置<ul>的 style 属性的值是(　　)。

   A. list-style:circle　　　　B. list-style:decimal

   C. list-style:square　　　　D. list-style:none

4. 无序列表<ul>中每项符号默认是“.”(小黑点)，想要把项目符号清除，需要设置<ul>的 style 属性的值是(　　)。

   A. list-style:circle　　　　B. list-style:decimal

   C. list-style:square　　　　D. list-style:none

【上机实战】

上机目标

- 掌握<ul>、<li>和 CSS 制作菜单
- 掌握<div>制作树形菜单

上机练习

◆ 第一阶段 ◆

练习 1：使用无序列表<ul>和样式实现招商银行的横向菜单

【问题描述】

使用理论课中讲过的无序列表和样式来实现招商银行一网通的横向菜单，如图10-14所示。

图 10-14

【问题分析】

(1) 要实现横向菜单，使用无序列表<ul>。在<ul>中使用<li>生成一级菜单，再在每个<li>中使用<ul>和<li>生成二级菜单。<ul>中默认是换行的，并且有列表的符号，使用样式让换行的<li>显示在一行。

(2) 生成菜单后，实际上，每个菜单项都是一个超链接，设置超链接的样式 a 和悬停样式 a:hover。使用 HTML 选择器 li 和 li a:hover。

(3) 设置生成二级菜单的<li>中<ul>的初始样式，使用 HTML 选择器 li ul。当鼠标指针经过时，样式变成 li.mouseover ul。

(4) 设置ul中<li>的超链接样式a和鼠标悬停样式a:hover，使用HTML选择器ul li a 和ul li a:hover。

(5) 给每个一级菜单添加鼠标onmouseover和onmouseout事件，鼠标指针移到菜单时使用定义的样式 li.mouseover ul，鼠标指针移走时用回初始的样式li ul。

【参考步骤】

(1) 新建一个HTML网页，将网页标题设为“招商银行网上查询”。

(2) 使用层来布局页面，菜单放在一个层中，层的id为nav，在层中使用<ul>和<li>生成菜单项。这时一级菜单和二级菜单均显示。

(3) 编写<li>的样式li 和li a:hover。

(4) 编写二级菜单的<li>中<ul>的初始样式li ul和鼠标经过时样式li.mouseover ul。

(5) 编写<ul>中<li>的超链接样式ul li a、鼠标悬停样式ul li a:hover。

(6) 编写onmouseover和onmouseout事件函数mover()和mout()。

(7) 完整代码如示例10-14所示。

示例10-14：

```
<html>
<head>
<meta http-equiv="Content-Type" content="text/html; charset=gb2312" />
<title>招商银行网上查询</title>
<style type="text/css" >
li{width: 106px;font-family:"宋体"; font-size:14px; display:inline;position: relative;
  background-color: #4876FF ;
}
li a:hover{ display:block;
}
li ul {position: absolute;left:-40px;top:25px;display:none;}
li.mouseover ul{display: block;}
ul li a{display: block;text-decoration:none;
padding:5px;border-bottom:0;}
ul li a:hover {background-color:#EE4000;}
</style>
<script type="text/javascript">
function mover(obj)
{
  obj.className = "mouseover";
}
function mout(op)
{
  op.className =op.className.replace(new RegExp("( ?|^)mouseover\\b"),"");
}
</script>
</head>
<body>
```

```
<div style="width:744px; height:96px;">
<img src="images/zhaoshanglogo.bmp">
</div>
<div style="position:relative; top:-20px; left:-37px;">
<ul id="nav">
<li onMouseOver="mover(this)" onMouseOut="mout(this)" >
 <a href="#" >账户管理</a>
   <ul>
     <li><a href="#">账户查询</a></li>
     <li><a href="#">已出账单查询</a></li>
     <li><a href="#">未出账单查询</a></li>
   </ul>
</li>
<li onMouseOver="mover(this)" onMouseOut="mout(this)">
<a href="#" >还款管理</a>
    <ul>
     <li><a href="#" >自动还款设置</a></li>
     <li><a href="#" >购汇还款设置</a></li>
     <li><a href="#">还款方式查询</a></li>
     </ul>
</li>
<li onMouseOver="mover(this)" onMouseOut="mout(this)">
<a href="#" >自动缴费</a>
    <ul>
    <li><a href="#">缴费交易查询</a></li>
    <li><a href="#">缴费功能申请</a></li>
    <li><a href="#">缴费功能取消</a></li>
    </ul>
</li>
<li onMouseOver="mover(this)" onMouseOut="mout(this)" >
<a href="#">网上支付</a>
    <ul>
    <li><a href="#">网上支付设置</a></li>
    <li><a href="#">网上交易查询</a></li>
    <li><a href="#">网上交易申请</a></li>
    </ul>
 </li>
<li onMouseOver="mover(this)" onMouseOut="mout(this)">
<a href="#" >卡片管理</a>
    <ul>
    <li><a href="#">卡片额度调整</a></li>
    <li><a href="#">信用卡开卡</a></li>
    <li><a href="#">卡片损坏补发</a></li>
    </ul>
</li>
<li onMouseOver="mover(this)" onMouseOut="mout(this)">
<a href="#" >积分管理</a>
```

```
<ul>
    <li><a href="#">积分查询</a></li>
    <li><a href="#">积分历史查询</a></li>
    <li><a href="#">积分免年费</a></li>
  </ul>
</li>
<li onMouseOver="mover(this)" onMouseOut="mout(this)">
<a href="#" >网上申请</a>
    <ul>
    <li><a href="#">网上申请首页</a></li>
    <li><a href="#">网上申请进度</a></li>
    <li><a href="#">信用卡申请</a></li>
    </ul>
 </li>
</ul>
</div>
<div>
  <img src="images/footer.bmp">
  </div>
</body>
</html>
```

练习 2：联合使用层、横向菜单和竖向菜单制作民生银行的网上银行系统

【问题描述】

编写一个仿中国民生银行网上银行系统页面，要求实现横向菜单和左边的竖向菜单，同时使用层实现左边的竖向菜单的收缩效果，如图 10-15 所示。

图　10-15

【问题分析】

(1) 本例是理论课中学习过的竖向菜单、横向菜单和层页面布局知识的综合应用。

(2) 使用鼠标事件控制层的显示和隐藏。

【参考步骤】

(1) 新建一个页面，将标题设为“中国民生银行网上银行”。

(2) 使用层布局页面，使用 top、left、right 3 个层，并把这 3 个层放置在外面的大层中，同时注意，设置样式使 left 和 right 层显示在同一行上。

(3) 使用理论课学过的层实现横向菜单的知识，在 top 层中设计横向菜单。

(4) 使用理论课学过的使用无序列表实现竖向菜单的知识，在 left 层中设计竖向菜单。同时要加入分隔条层，实现左边竖向菜单的收缩效果。

(5) 编写鼠标 onmouseover、onmouseout 和 onclick 事件处理函数。

(6) 完整代码如示例 10-15 所示。

示例 10-15：

```
<html>
<head>
<meta http-equiv="Content-Type" content="text/html; charset=gb2312" />
<title>中国民生银行网上银行</title>
<!-- 横向菜单的样式 -->
<style type="text/css" >
td{font-size: 13px;color: #000000; line-height:22px;}
.div1{
   background-color:#1874CD;
   text-align:center;position:absolute;z-index:2;display:none;
}
#top a
{font-size:13px; color: #FFFFFF; text-decoration:none;background-color:#5CACEE;
 width:100px;line-height:22px;text-align:center;border-bottom:1 #FFFFFF solid;}
#top a:hover
{font-size:13px;color: #ffffff;background-color:#FFCC33;
   width:100px;line-height:22px;text-align:center;}
<!-- 竖向菜单的样式   -->
ul{ margin:0;padding:0;list-style:none;width:150px;
border-bottom: 1px solid #CCCCCC; ont-family:"宋体"; font-size:14px;}
ul li {position: relative;}
li ul {position: absolute;left:149px;top:0px;display: none;}
ul li a ,ul li a:hover {display: block;text-decoration:none;
padding:5px;border:1px solid #ccc;border-bottom:0; background-color:#5CACEE}
* html ul li { float: left; }
* html ul li a { height: 1%; }
ul li a:hover {background-color:#FFCC33;}
li.mouseover ul {display: block;}
<!-- 左边样式结束-->
</style>
<script type="text/javascript" >
// 上边的 JS
```

```
function show(d1){
document.getElementById(d1).style.display='block';  //显示层
}
function hide(d1){
document.getElementById(d1).style.display='none';  //隐藏层
}
//左边的 JS
function mover(obj)
{
  obj.className = "mouseover";
}
function mout(op)
{
  op.className =op.className.replace(new RegExp("( ?|^)mouseover\\b"),"");
}
function showLeft()
{
    var lay =     document.getElementById("left");
    if(lay.style.display == "none")
    {
        document.getElementById("img0").src = "images/arrow1.jpg";
        lay.style.display   = "block";
    }
    else
    {
        document.getElementById("img0").src = "images/arrow2.jpg";
         lay.style.display = "none";
     }
}
//左边的 JS 结束
</script>
</head>
<body>
<div>
<div style="width:744px;" id="top">
<table width="350" border="0" cellspacing="0" cellpadding="0">
<tr>
     <td><a href="#"   onMouseMove="show(1)" onMouseOut="hide(1)">我的风格</a></td>
     <td><a href="#" onMouseMove="show(2)" onMouseOut="hide(2)">快捷菜单</a></td>
     <td><a href="#" onMouseMove="show(3)" onMouseOut="hide(3)">账户管理</a></td>
<td><a href="#"   onMouseMove="show(4)" onMouseOut="hide(4)">客户管理</a></td>
     <td><a href="#" onMouseMove="show(5)" onMouseOut="hide(5)">申请服务</a></td>
     <td><a href="#" onMouseMove="show(6)" onMouseOut="hide(6)">互动服务</a></td>
     <td><a href="#"   onMouseMove="show(7)" onMouseOut="hide(7)">提醒服务</a></td>
 </tr>
   <tr>
     <td>
```

```
        <div class="div1"   id="1" onMouseMove="show(1)" onMouseOut="hide(1)">
        <a href="#">默认风格</a><br><a href="#">红旗飘飘</a><br><a href="#">民生时代
</a></div></td>
      <td><div class="div1" id="2"      onMouseMove="show(2)"
       onMouseOut="hide(2)"></div></td>
      <td><div class="div1" id="3"      onMouseMove="show(3)"
       onMouseOut="hide(3)"><a href="#">追加网银账户</a><br>
      <a href="#">删除网银账户</a><br><a href="#">账户别名设置</a></div></td>
        <td><div class="div1" id="4" onMouseMove="show(4)" onMouseOut="hide(4)">
        <a href="#">修改个人资料</a><br><a href="#">个人快捷菜单</a>
      <br></div></td>
      <td><div class="div1" id="5"      onMouseMove="show(5)"
       onMouseOut="hide(5)"><a href="#">即时通申请</a><br>
      <a href="#">即时通维护</a><br><A href="#">手机钱包开通</a></div></td>
      <td><div class="div1" id="6"      onMouseMove="show(6)"
       onMouseOut="hide(6)"><a href="#">发送邮件</a><br>
      <a href="#">邮件订阅/取消</a><br><A href="#">发送留言</a></div></td>
        <td><div class="div1" id="7" onMouseMove="show(7)" onMouseOut="hide(7)">
        <a href="#">日期提醒设置</a><br><a href="#">日期提醒维护</a>
      <br><a   href="#">基金提醒设置</a></div></td>
        </tr>
        </table>
      </div>
      <div style="width:744px; height:70px;">
      <img src="images/cmbcnetlogo.bmp">
      </div>
      <!-- 左边的页面-->
      <div style="float:left; z-index:1" id="left">
      <ul id="nav">
      <li onmouseover="mover(this)" onmouseout="mout(this)" >
       <a href="#">查询服务</a>
          <ul>
            <li><a href="#">账户余额查询</a></li>
            <li><a href="#">账户明细查询</a></li>
            <li><a href="#">账户信息查询</a></li>
          </ul>
      </li>
      <li onmouseover="mover(this)" onmouseout="mout(this)" >
      <a href="#" >储蓄服务</a>
           <ul>
            <li><a href="#" >活期转活期</a></li>
            <li><a href="#" >活期转定期</a></li>
            <li><a href="#">活期转零整开户</a></li>
            </ul>
      </li>
      <li onmouseover="mover(this)" onmouseout="mout(this)" >
      <a href="#" >约定转账</a>
```

```
        <ul>
        <li><a href="#">本人活期转活期</a></li>
        <li><a href="#">本人活期转定期</a></li>
        <li><a href="#">本人定期转活期</a></li>
        </ul>
    </li>
    <li onmouseover="mover(this)" onmouseout="mout(this)" >
    <a href="#" >理财产品服务</a>
        <ul>
        <li><a href="#">预约</a></li>
        <li><a href="#">购买</a></li>
        <li><a href="#">查询</a></li>
        </ul>
    </li>
    <li onmouseover="mover(this)" onmouseout="mout(this)" >
    <a href="#" >非凡客户积分计划</a>
        <ul>
        <li><a href="#">积分汇总查询</a></li>
        <li><a href="#">积分兑奖明细查询</a></li>
        <li><a href="#">积分授权</a></li>
        </ul>
    </li>
    <li onmouseover="mover(this)" onmouseout="mout(this)" >
    <a href="#" >账单支付</a>
        <ul>
        <li><a href="#">账单支付</a></li>
        <li><a href="#">账单支付查询</a></li>
        </ul>
    </li>
    <li onmouseover="mover(this)" onmouseout="mout(this)" >
    <a href="#" >自动缴费</a>
        <ul>
        <li><a href="#">缴费项目注册</a></li>
        <li><a href="#">缴费项目维护</a></li>
        <li><a href="#">实时缴费</a></li>
        </ul>
    </li>
    <li onmouseover="mover(this)" onmouseout="mout(this)" >
    <a href="#" >电子国债</a>
    </li>
    <li onmouseover="mover(this)" onmouseout="mout(this)" >
    <a href="#" >个人消费贷款</a>
    </li>
    <li onmouseover="mover(this)" onmouseout="mout(this)" >
    <a href="#" >"钱生钱"理财</a>
    </li>
    </ul>
```

```
</div>
<div style="background-image:url(images/back.jpg); z-index:-1;width:8px;
 height:280px; position:relative; left:2px; top:0px; float:left">
   <div   style="position:relative; top:140px;">
     <img   id ="img0" src="images/arrow1.JPG" style="cursor:pointer"
onClick="showLeft()" >
     </div>
</div>
<!-- 右边的页面-->
<div style="z-index:-1; position:relative; left:10px; top:2px;" id="right">
<img src="images/cmbcmail.bmp" />
</div>
</div>
</body>
</html>
```

【拓展作业】

上机的第一阶段中，使用无序列表<ul>实现了横向的一级和二级菜单。想想，如何使用 CSS 样式来实现戴尔官方网站中的三级菜单，如图 10-16 所示。

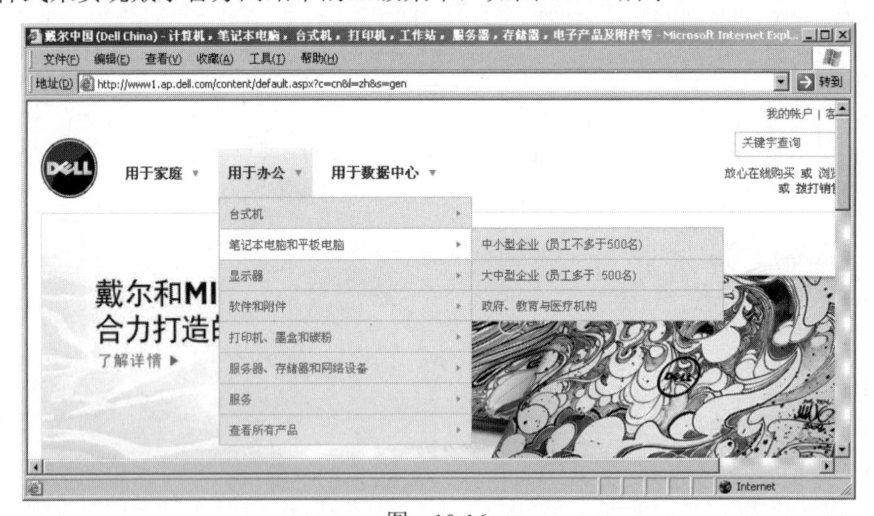

图　10-16

[1] 陈翠娥，等. 网页设计实战教程(HTML+CSS+JavaScript) [M]. 北京：清华大学出版社，2018.

[2] 王爱华，等. HTML+CSS+JavaScript 网页设计实用教程[M]. 北京：清华大学出版社，2017.

[3] 黑马程序员. JavaScript 前端开发案例教程网页设计[M]. 北京：人民邮电出版社，2018.